乡村振兴人才培育系列教材

大豆生产技术与病虫害防治

● 陈英丽　赵启辉　马文凤　主编

中国农业科学技术出版社

图书在版编目(CIP)数据

大豆生产技术与病虫害防治／陈英丽，赵启辉，
马文凤主编.--北京：中国农业科学技术出版社，2024.2
　　ISBN 978-7-5116-6718-2

Ⅰ.①大… Ⅱ.①陈…②赵…③马… Ⅲ.①大豆-
栽培技术②大豆-病虫害防治 Ⅳ.①S565.1②S435.651

中国国家版本馆 CIP 数据核字(2024)第 037272 号

责任编辑　申　艳
责任校对　王　彦
责任印制　姜义伟　王思文

出 版 者　中国农业科学技术出版社
　　　　　北京市中关村南大街 12 号　　邮编：100081
电　　话　(010) 82103898 (编辑室)　　(010) 82106624 (发行部)
　　　　　(010) 82109709 (读者服务部)
网　　址　http://castp.caas.cn
经 销 者　各地新华书店
印 刷 者　北京地大彩印有限公司
开　　本　140 mm×203 mm　1/32
印　　张　5.75
字　　数　150 千字
版　　次　2024 年 2 月第 1 版　2024 年 2 月第 1 次印刷
定　　价　26.80 元

大豆俗称黄豆。大豆作为全球重要的油料作物和蛋白质来源，在人类食物体系中扮演着举足轻重的角色。我国作为大豆生产和消费大国，拥有丰富的品种资源和悠久的种植历史。随着对大豆营养价值和保健功能认识的不断提高，人们对大豆及其制品的需求量也在逐渐增加。

为满足市场需求，提高大豆生产水平，本书在总结丰富的实践经验基础上，系统介绍了大豆的品种选择、播种技术、水肥管理技术、病虫草害防治技术等方面的内容。同时，结合国内外最新的研究成果和技术进展，对大豆保护性耕作技术、大豆玉米带状复合种植技术等高质高效生产模式进行了详细阐述。具体分为8章，分别为大豆生产概述、大豆品种选择、大豆播种技术、大豆全生育期管理技术、大豆水肥管理技术、大豆收获与贮藏、大豆高质高效生产模式和大豆病虫草害防治技术。

本书具有内容新颖、结构清晰、语言通俗等特点，突出了实用性和可操作性。本书不仅可以作为农民和技术人员的培训教材，也可以作为农民素质提升的指导用书。

本书的编写得到了许多同行和专家的大力支持和帮助，在此表示衷心的感谢。同时，由于编者水平有限，书中难免存在不足之处，欢迎广大读者批评指正！

编　者

2023 年 12 月

第一章 大豆生产概述

第一节 大豆产业现状

大豆是粮油兼用作物，也是畜牧业发展、工业加工和医疗保健的重要原料，发展大豆生产对供给侧结构调整、保障粮食安全有战略意义，也是保证人类健康生活的基础。

一、全球大豆的产业现状

（一）种植面积及产量

从全球范围看，大豆种植面积、产量相对较多的国家/地区为巴西、美国、阿根廷、印度、中国、巴拉圭、俄罗斯、加拿大、乌克兰、玻利维亚、乌拉圭、印度尼西亚等。根据美国农业部（United States Department of Agriculture，USDA）数据显示，2021年全球大豆种植面积为19.38亿亩[①]，同比（2020年，19.04亿亩）增长了0.34亿亩，增幅约1.79%；2021年全球大豆产量为3.66亿吨，同比（2020年，3.53亿吨）增长了0.13亿吨，增幅约3.68%。

2020年，全球大豆种植面积位列第一的国家/地区为巴西，面积为5.58亿亩，占全球大豆种植总面积的29.29%；第二为美

---

① 1亩≈667米²。全书同。

国，面积为 5 亿亩，占比 26.24%；第三为阿根廷，面积为 2.51 亿亩，占比 13.17%；中国以 1.48 亿亩位列全球第五，占比 7.78%。全球大豆产量位列第一的国家/地区也为巴西，2020 年产量为 1.22 亿吨，占全球大豆总产量的 34.56%；第二为美国，2020 年产量为 1.13 亿吨，占比 32.01%；第三为阿根廷，2020 年产量为 0.49 亿吨，占比 13.88%；中国以 0.2 亿吨位列全球第四，占比 5.67%。

（二）单位面积产量

2021 年，全球大豆单位面积产量从 2012 年的 152.56 千克/亩波动增长至 188.84 千克/亩，每亩产量增长了 36.28 千克，增幅为 23.78%。其间，2017 年全球大豆单位面积产量最高，为 190.43 千克/亩，较 2021 年的 188.84 千克/亩高出 1.59 千克/亩。

二、我国大豆的产业现状

（一）种植面积及产量

我国大豆产业关联着成千上万农民的利益，大豆的种植效益直接关系到农民的经济收入，是影响农民种植积极性的重要因素，也是影响国家粮食安全的重大问题。

大豆是我国第四大农作物，播种面积仅次于玉米、水稻和小麦。根据国家统计局公告，2022 年，我国大豆播种面积 1 024.3 万公顷，比 2021 年增加 184.3 万公顷，增长 21.9%；全国平均单产 1 980 千克/公顷，比 2021 年增加 28 千克/公顷，增幅 1.4%；大豆总产量 2 029 万吨，比 2021 年增加 389 万吨，增幅 23.7%。

（二）我国大豆的分布情况

我国大豆的集中产区位于东北平原、黄淮平原、长江三角洲和江汉平原。根据大豆品种特性和耕作制度，我国大豆生产分为

5 个主要产区：以内蒙古、东北三省为主的春大豆区；黄淮流域的夏大豆区；长江流域的春、夏大豆区；江南各省份南部的秋大豆区；广东、广西及云南南部的大豆多熟区。其中，东北春大豆区和黄淮流域夏大豆区是我国大豆种植面积最大、产量最高的两个地区。

（三）大豆生产支持政策

党中央、国务院高度重视大豆生产，近年来在统筹考虑大豆市场供需形势、比较效益和农民种植意愿等因素的基础上，出台了一系列稳定大豆生产支持政策措施，形成补贴、保险、收储协同发力的一套政策"组合拳"。

一是完善玉米大豆生产者补贴政策，增加补贴总额，指导东北四省区合理确定玉米大豆补贴标准，调高大豆补贴标准，并着力加大高油高产大豆支持，促进东北大豆稳定生产。

二是加大产粮大县奖励力度，引导大豆主产区发展大豆生产，持续巩固和扩大稳粮扩豆成效。加大大豆金融信贷支持，支持大豆完全成本保险和种植收入保险试点县扩大覆盖面。持续支持建设大豆国家现代农业产业园、产业集群、产业强镇。

三是扩大东北地区耕地轮作实施面积，支持开展粮豆轮作，促进用地养地相结合，探索科学有效轮作模式，引导农民合理安排种植结构，扩种大豆。

四是扩大黄淮海、西南、长江中下游和西北地区大豆玉米带状复合种植示范面积，鼓励地方探索发展幼龄果树、高粱等作物套种大豆种植模式。

五是加强技术指导服务，指导农民做好大豆春耕备耕工作。对 906 个大豆生产县形成"一县一策"的综合性提单产解决方案，聚焦 100 个重点县整建制实施大豆单产提升行动，集成推广高产高油品种和良法良机，带动大豆大面积稳产增产、提质增效。

六是引导家庭农场、农民合作社、农业企业等经营主体，承担大豆生产。组织一批专业化、社会化服务主体，通过全程托管或环节托管，为大豆生产提供低成本、便利化、全方位的服务。

七是加快组织大豆收储，指导中储粮管理集团有限公司在黑龙江、内蒙古两个主产区新增国产大豆收购计划，加大收储力度，发挥市场引导作用。

八是积极引导中储粮管理集团有限公司、中粮集团有限公司等国有大型企业及规模以上大豆加工企业，与主产区市（县）对接，做好大豆产销衔接。

九是加密大豆生产和市场调度，及时了解掌握大豆生产、收储进度和价格情况，及时发布信息，合理引导市场预期。

十是压紧压实地方责任，明确 2024 年大豆生产目标，并纳入省级党委和政府落实耕地保护和粮食安全党政同责考核。

第二节　大豆生物学特性

一、大豆的营养成分

大豆的营养成分非常丰富，包括蛋白质、脂肪、糖类、维生素、矿物质元素以及具有生理活性作用的大豆低聚糖、大豆膳食纤维、大豆异黄酮、大豆多肽、大豆皂苷、大豆磷脂和大豆固醇等。

（一）蛋白质

蛋白质为大豆的主要成分之一，其含量高达 40% 左右，位列植物性食品原料之首，因此，大豆素有"植物肉"的美誉。大豆中的蛋白质80%左右都为可溶性蛋白质，并且组成大豆蛋白质的18种氨基酸，除蛋氨酸含量较低外，其余人体必需氨基酸的组成和比例都与动物蛋白质相似，因此，大豆蛋白质易被人体吸收，营养价值极高。

（二）脂肪

大豆的脂肪含量约为20%，其中不饱和脂肪酸约占60%。不饱和脂肪酸中的单不饱和脂肪酸约占24%，其中，亚油酸约为50%，油酸约为23%，亚麻酸约为8%，还含有丰富的磷脂。大豆中的脂肪熔点较低，易被人体消化吸收，并对儿童的生长发育、神经活动有着重要的促进作用。

（三）糖类

糖类是大豆的又一主要成分，是人类获取能量和构成机体组织的最重要的物质之一。大豆中的糖类主要由单糖、低聚糖、淀粉、糊精和纤维素类组成，含量约为25%。

（四）维生素

大豆含有多种维生素，尤其以B族维生素最丰富，大豆中的水溶性维生素主要包括维生素B_1、维生素B_2、烟酸、泛酸、维生素B_6和维生素C等，脂溶性维生素主要有维生素A、β-胡萝卜素和维生素E等，它们是维持人类正常生理功能的一类微量营养因子。

（五）矿物质元素

大豆中含有丰富的矿物质元素，其含量为4.5%~6.8%，主要为镁、钾、钙、钠、磷、铜和铁等，还含有少量的硒，其中，磷的含量最高。与维生素一样，矿物质元素也是维持人类正常生理功能的一类微量营养因子，矿物质元素缺乏，不利于机体的生长发育。

（六）其他

1. 大豆低聚糖

大豆中的低聚糖包括水苏糖和棉子糖，约占50%，低聚糖虽然在肠道内不易被消化吸收，但其可作为益生元被肠道中的有益细菌利用，促进肠道健康。

2. 大豆膳食纤维

大豆一直以来都以高膳食纤维食品而被广泛食用，大豆膳食纤维可促进肠道蠕动，缩短有害成分与肠道内壁的接触时间，因而可有效地预防便秘、痔疮以及直肠癌等疾病的发生。

3. 大豆异黄酮

大豆异黄酮是一类植物雌激素，含量约为0.13%，大豆异黄酮有助于缓解女性衰老、改善经期不调、预防心脑血管和乳腺癌的发生。

4. 大豆多肽

多肽为大豆中的小分子蛋白质，大豆多肽具有降血压、降血脂、降血糖以及预防动脉硬化等的功效。

5. 大豆皂苷

皂苷为大豆中一类重要的活性成分，含量为0.1%～0.5%，大豆皂苷对抗氧化、抗病毒、增强机体免疫力、调节心脑血管以及抗肿瘤等具有重要的生理活性作用。

6. 大豆磷脂

大豆中含有丰富的磷脂，其含量约为1.6%，主要包括脑磷脂、卵磷脂、磷脂酰肌醇以及游离脂肪酸等，大豆磷脂对提高人体记忆力、预防老年痴呆和冠心病的发生、促进脂肪代谢具有重要的作用。

7. 大豆固醇

大豆中含有丰富的固醇类物质，含量远高于谷类、水果类以及蔬菜类等植物源食物，大豆固醇对预防乳腺增生和前列腺肥大、调节机体免疫力以及抗肿瘤都有积极的作用。

二、大豆的植株特点

（一）大豆的根

1. 根的组成

大豆的根属于直根系，由主根、侧根和根毛3部分组成。主根较粗，直接由种子胚根发育而成，垂直向下生长。侧根是主根产生的分枝，初期呈横向生长，以后向下生长。直接来自主根的为一级侧根，一级侧根上产生二级侧根，依此类推。幼嫩的根部有密生的根毛，它是大豆吸收养分的主要部分。

2. 大豆根系的特征

大豆是深根作物，具有强大根系。大豆根系的一般特征：一是根的大部分集中于0~20厘米表土耕层；二是0~8厘米范围主根不仅粗大，而且主要侧根也集中在这里；三是粗大的侧根在0~8厘米范围的主根上分生后，向周围平行扩展远达50厘米，并与其他侧根交织，其后就急转向下，深度和形状与主根类同。

3. 大豆根的生长

大豆根的生长在整个生长期呈一单峰曲线。正常条件下，播种5~6天后开始发芽，胚根伸长，突破种皮入土，形成一个锥形主根，根端具生长点，一直向下生长。不久，在近地表的主根由上而下顺序发生4列小突起，按先后生长，形成侧根。发芽达一个月以后，除主根继续伸长外主要从一级侧根上产生二级侧根。苗期大豆根系生长，比地上部分要快5~7倍。由分枝到开花，根的生长最旺盛，从开花末期到豆荚伸长期，根量达最高峰，以后逐渐衰败，到种子开始形成时，根的延长与生长停止。

4. 大豆根瘤

大豆根瘤是由大豆根瘤菌在适宜的环境条件下侵入根毛后产

生的。大豆扎根后，根系产生一种能诱使根瘤菌趋向根尖的分泌物，使带鞭毛的根瘤菌趋集于根毛附近，然后根瘤菌从根毛尖端侵入根部，被侵入的根部皮层细胞因受刺激而加速分裂，细胞数量增多，组织膨大，形成根瘤。当根瘤长成以后，根瘤合成的铵态氮通过维管束输送给大豆，约有 3/4 的铵态氮供大豆生长发育，约有 1/4 供给根瘤本身生长，这时根瘤与大豆是共生关系。

（二）茎和分枝

大豆茎秆强韧，茎上有节，一般主茎有节 14～20 个。幼茎有紫色、绿色两种颜色，紫茎开紫花，绿茎开白色。成熟后茎呈黄褐色。茎高一般 50～100 厘米。有限结荚习性品种植株矮壮，无限结荚习性品种植株高大。茎上有分枝，分枝数量与品种、环境、栽培条件有密切关系。

（三）叶

大豆的叶分为子叶、单叶和复叶。子叶两片，富含养分。子叶出土前为黄色或绿色，出土后经阳光照射变为绿色，能进行光合作用。保护子叶是实现壮苗的重要条件。

子叶展开后 2～3 天即长出两片对生真叶，以后每节长出由 3 片小叶组成的复叶。每一复叶由托叶、叶柄、小叶组成。研究表明，大豆光合速率与小叶厚度、单位面积叶片干重的相关性极显著，这两个性状可以作为选育高光效大豆品种的间接根据。

（四）花序

大豆为总状花序，着生于叶腋间或植株顶部。花朵簇生在花柄上，每个花簇一般有 15～20 朵花。大豆落花落荚率较高，一般达 30%～40%。每一单花由苞叶、花萼、花冠、雄蕊和雌蕊组成。

大豆花很小，无香味，属自花授粉农作物。开花顺序因结荚习性不同而不同，有限结荚习性品种，由内向外、由上向下逐渐开花；无限结荚习性品种，由内向外、由下向上逐渐开花。

(五) 荚果

大豆果实为荚果，一般含种子 2～3 粒。荚果被有茸毛，成熟时为黄色、灰色、褐色等固定色泽，为品种特征。荚果开裂的容易程度，常因品种不同而异，不开裂性品种有利于机械化收获，损失小。每簇花通常着生豆荚 3～5 个，每株结荚因品种、类型和栽培季节不同而异，一般 20～30 个荚，每株结荚数的多少，是丰产性能高低的表现。

大豆的结荚习性可以分为有限结荚习性、无限结荚习性和亚有限结荚习性 3 种类型。有限结荚习性的大豆在结荚后不久就停止生长，适宜在肥水条件好的地块种植。无限结荚习性的大豆花序较短，开花后继续生长，适宜在肥力差的地块种植。亚有限结荚习性的大豆介于上面两个中间。

(六) 种子

大豆种子的形状有圆形、椭圆形、长扁椭圆形等形状。种子大小通常用百粒重（即 100 粒种子的克数）表示。百粒重 14 克以下为小粒种，14～20 克为中粒种，20 克以上为大粒种。栽培品种多为中粒种。

第三节　大豆的生长发育

一、大豆的生育时期

大豆从播种到新的种子成熟，叫作大豆的一生。大豆的一生可分为发芽和出苗期、幼苗期、分枝期、开花期、结荚期、鼓粒期和成熟期 7 个时期。

（一）发芽和出苗期

大豆要吸收相当本身重量 100%～150% 的水分，在有适宜温度和充足氧气的条件下可正常发芽，贮藏在子叶里的蛋白质水解成氨基酸、脂肪水解成脂肪酸和甘油、淀粉水解成单糖，为种子提供营养满足其萌发需要。胚细胞利用这些营养物质进行旺盛的代谢作用，形成新的细胞，开始生长。首先胚根从珠孔伸出，当胚根与种子等长时就叫作发芽；接着胚轴伸出，种皮脱落，子叶随着下胚轴的伸长包着幼芽露出地面，称为出苗，子叶出土见光后由黄色变绿色，进行光合作用，合成有机物质，供幼苗生长需要。

（二）幼苗期

从出苗到分枝出现称为幼苗期。大豆出苗后，幼苗继续生长，上面两片对生的单叶（即真叶）随即展开，此时称为真叶期，接着长出第一个复叶称为三叶期。三叶期根瘤开始形成，根系生长快，地上部的生长日渐加快，这个阶段一般需要 20～25 天。

（三）分枝期

从形成第一个分枝到第一朵花出现的时期。此期植株开始旺盛生长，一方面形成分枝，加速花芽分化，扩展根系；另一方面植株增加养分积累，为下阶段生长准备物质条件。此时期是营养生长与生殖生长并进时期，但仍以营养生长为主。

大豆的分枝是由复叶叶腋内的分枝芽发育而来，植株下部芽大部分能发育成分枝，一般有 4～5 个，中上部的腋枝多发育成花序。第一次分枝还能长出第二次分枝、第三次分枝……大豆枝芽的分化能力与栽培条件有关，在环境条件不良或密度过大时，枝芽呈潜伏状态，分枝少，结荚部位提高。大豆分枝数量与单株生产力密切相关，分枝多，单株产量高。

（四）开花期

大豆2/3以上植株出现两个以上花朵的时期。大豆从花芽分化到开始开花的天数比较稳定，一般20～30天。全田开花株数达10%为始花期，达50%为开花期，达90%为终花期。大豆从出苗到开花的天数，因品种和栽培季节不同而异，一般为34～60天。

（五）结荚期

大豆授粉、受精后，子房发育膨大，形成幼荚。当长达1厘米时叫作结荚。全田有50%植株已结荚，称为结荚期。大豆结荚顺序与开花顺序相同，在此不再赘述。豆荚的生长是先长荚的长度，后长荚的宽度，最后长荚的厚度。

（六）鼓粒期

大豆鼓粒期是从荚内豆粒开始鼓起到体积与重量最大时止。大豆开花前，花粉即散落在柱头上，一般在24小时完成受精过程。荚果的发育至开花后20天达最大值。当荚果伸长达最大值时，籽粒就迅速膨大，此时叶片的有机物质被不断转移到籽粒中去，是决定每荚粒数、粒重和化学成分的重要时期。籽粒的发育最先长宽度，然后长长度和厚度。

（七）成熟期

大豆叶片绝大部分转黄、脱落，茎、荚呈黄色或黄褐色，籽粒呈现本品种固有形状、大小和光泽并与荚壳脱离，部分籽粒干硬，摇动植株有响声，即为大豆成熟期。

二、影响大豆生长发育的因素

（一）光照

大豆是喜光作物。光合面积、光合能力及光合时间直接影响大豆的产量。因此，合理密植、适时早播或育苗移栽，延长叶片寿命，防止叶片早衰，增加叶片光合能力，是大豆获得高产的关键。但是大豆也是一种短日照的作物，所以要控制好每天的光照时间，控制好黑暗与光照时间的比例，促进大豆的开花，否则会延长大豆的生育期。

(二) 温度

大豆是喜温作物，种子发芽的适宜温度为 18~20℃，气温达到 25℃以上 4 天就能出苗。大豆幼苗期能耐短期低温，随着苗龄的增长，耐低温的能力逐渐减弱。

大豆生长期间，最适温度为 15~20℃，开花期要求 20~25℃，如果温度低于 15℃，有碍于开花结荚。春大豆播种期间，如遇寒潮阴雨天气，往往出苗缓慢，甚至烂种缺苗。秋大豆播种过晚，易遭寒潮危害。因此，在茬口安排上要趋利避害，满足大豆生长发育对温度的需要。

(三) 水分

大豆是需水较多的作物。在不同的生长阶段，大豆有着不同的需水量。在播种至出苗前的这段时间内，要保证土壤湿透，增强种子吸水，促进种子发芽出苗，土壤含水量要保持在 55% 左右。在开花期，大豆的生长速度加快，水分的需求量也会急剧上升。但是灌溉量又不能过多，防止沤根烂花，因此灌溉量过多或者是遇到阴雨天的时候要及时排水。

(四) 养分

大豆是需要养分较多的作物。大豆制造一个单位干物质所需养分与水稻、小麦比较，氮素多 2 倍，磷、钾素多 0.5~1.0 倍。其一生需肥的情况：从出苗期至始花期，氮、磷、钾吸收量占总吸收量的 25%~35%；从始花期到鼓粒期需氮量占总需氮量的 54% 左右，需磷量占 52% 左右，需钾量占 62% 左右；生育后期对氮、钾的吸收大为减少，但对磷的吸收仍未终止。从苗期至开花阶段适量追施氮肥，有利于分枝、花芽分化和开花结荚。

大豆除需要较多的氮、磷、钾外，还需要一定量的钙、锌、铜、钼等多种元素。钙可促进磷和铵态氮的吸收。大豆种子钼素含量较高，一般认为种子含钼少于 26 毫克/千克时，施钼肥能增产。

(五) 土壤

大豆的适应能力是比较强的，对土壤的要求不大，大部分土壤都可以正常生长。但大豆不耐酸碱，想要种植出高品质、高产量的大豆还应选择土层深厚、排水良好、富含钙和腐殖质，结构良好的壤土。最适宜的土壤 pH 值为 6.8~7.5。

第二章 大豆品种选择

第一节 大豆种类划分

一、按生长期划分

按生长期分，可分为早熟、中熟、晚熟 3 类。生长期在 90 天以下的为早熟种，90~120 天的为中熟种，120~170 天的为晚熟种。

二、按大豆的用途划分

按大豆的用途可分为食用大豆和饲料豆两类。

（一）食用大豆

食用大豆包括油用大豆、副食用大豆、粮食用大豆、蔬菜用大豆、罐头用大豆。

（二）饲料豆

饲料豆一般籽粒较小，呈扁长椭圆形（肾形），两片子叶上有凹陷圆点，种皮略有光泽或无光泽，籽粒中含粗蛋白质约 36%，粗脂肪约 15%，适于作种畜、育肥家畜和役畜的精饲料。

三、按种皮的颜色划分

大豆根据其种皮颜色可分为黄大豆、青大豆、黑大豆、其他色大豆和混合大豆 5 类。

（一）黄大豆

种皮为黄色，按其粒形分为东北黄大豆和一般黄大豆。东北黄大豆粒形多为圆形、椭圆形，有光泽或微光泽，脐呈黄褐色、淡褐色或深褐色；一般黄大豆粒形多为扁圆形、长椭圆形，脐呈黄褐色、淡褐色或深褐色。

（二）青大豆

种皮为绿色的籽粒占比不低于 95% 的大豆。按其子叶的颜色，又可分为青皮青仁大豆和青皮黄仁大豆两种。

（三）黑大豆

种皮为黑色的籽粒占比不低于 95% 的大豆。按其子叶的颜色，又可分为黑皮青仁大豆和黑皮黄仁大豆两种。

（四）其他色大豆

种皮为褐色、棕色、赤色等单一颜色的大豆及双色（种皮为两种颜色，其中一种为棕色或黑色，并且其覆盖粒面 1/2 及以上）的籽粒占比不低于 95% 的大豆。

（五）混合大豆

不符合上述大豆类型规定的大豆。

四、按播种季节划分

大豆按播种季节，可分为春大豆、夏大豆、秋大豆和冬大豆 4 类，但以春大豆占多数。

（一）春大豆

一般在春天播种，10 月收获。我国春大豆主要分布于东北三省，河北、山西中北部，陕西北部及西北各省（区、市）。

（二）夏大豆

大多在小麦等作物收获后播种，耕作制度为麦豆轮作的一年二熟制或二年三熟制。我国夏大豆主要分布于黄淮流域和长江流域各省（区、市）。

（三）秋大豆

通常是早稻收割后再播种，在大豆收获后再播冬季作物，形成一年三熟制。我国浙江、江西的中南部，湖南的南部，福建和台湾的全部种植秋大豆较多。

（四）冬大豆

主要分布于广东、广西及云南的南部。这些地区冬季气温高，终年无霜，春、夏、秋、冬四季均可种植大豆。所以这些地区有冬季播种的大豆，但播种面积不大。

第二节　大豆优良品种介绍

2023 年 3 月 1 日，农业农村部发布《国家农作物优良品种推广目录（2023 年）》，重点推介了 10 种农作物、241 个优良品种。其中，推介的大豆优良品种有 22 个，涉及骨干型品种 10 个、成长型品种 6 个、苗头型品种 2 个、特专型品种 4 个。

一、骨干型品种

骨干型品种是审定（登记）推广 5 年以上，主要粮棉油品种在适宜生态区连续 3 年推广面积进入前 10 位，重点蔬菜品种连续 3 年推广面积进入全国 5 位。

（一）黑河 43

[品种特点] 高产稳产，抗逆性强，适应性广。

[特征特性] 亚有限结荚习性。株高 75 厘米左右，无分枝，紫花，长叶，灰色茸毛，荚长形，成熟时呈灰色。籽粒圆形，种皮黄色，种脐浅黄色，有光泽，百粒重 20 克左右。蛋白质含量

41.84%，脂肪含量 18.98%。接种鉴定中抗灰斑病。在适应区，生育期 115 天左右，需 ≥10℃ 活动积温 2 150℃ 左右。黑龙江大豆品种区域试验平均亩产量为 162.8 千克，比对照品种增产 8.8%；生产试验平均亩产量 140.7 千克，比对照品种增产 10.5%。

[**适宜推广区域**] 适宜在黑龙江第四积温带、内蒙古呼伦贝尔 ≥10℃ 活动积温 2 200℃ 以上地区、新疆北部大豆特早熟区域春播种植。

（二）齐黄 34

[**品种特点**] 高产稳产，抗病性强，耐盐碱，耐阴，适应性广。

[**特征特性**] 黄淮海地区夏播生育期 103～108 天。有限结荚习性，株型半收敛。株高 87.6 厘米，主茎 17 节，有效分枝 1 个，底荚高度 17～23 厘米，单株有效荚 38 个，单株粒数 89 粒，单株粒重 23.1 克，百粒重 28.6 克。叶片卵圆形，花白色，茸毛棕色。籽粒椭圆形，种皮黄色、微光泽，种脐黑色。粗蛋白质含量 42.58%，粗脂肪含量 19.97%。参加黄淮海中片夏大豆品种区域试验，两年平均亩产 198.6 千克，比对照品种增产 5.4%；生产试验平均亩产 217.6 千克，比对照品种增产 12.0%。

[**适宜推广区域**] 适宜在北京、天津、河北、山东、江苏及陕西关中平原地区夏播种植；在四川、贵州、广东、广西、福建、海南、湖南南部和江西南部地区春播种植。

（三）克山 1 号

[**品种特点**] 高产稳产，高油，抗逆性强，适应性广。

[**特征特性**] 长叶，紫花，灰色茸毛，亚有限结荚习性，株型收敛。株高 71.5 厘米，主茎 12 节，单株有效荚 26 个，单株粒数 58 个。百粒重 19.8 克，籽粒圆形，种皮黄色，脐黄色。成

熟时落叶性好，不裂荚。田间表现抗病和抗倒伏。粗脂肪含量21.82%，粗蛋白质含量38.04%。中感花叶病毒病1号株系，感花叶病毒病3号株系，中抗灰斑病。生育期平均112天。参加北方春大豆早熟组品种区域试验，两年区域试验亩产175.3千克，比对照品种增产11.4%；生产试验亩产176.2千克，比对照品种增产6.9%。

[适宜推广区域] 适宜在黑龙江第三积温带下限和第四积温带、吉林东部山区、内蒙古呼伦贝尔中部和南部、新疆北部地区春播种植。

(四) 登科5号

[品种特点] 群体整齐，抗倒伏，耐密植，成熟后抗炸荚，高油。

[特征特性] 北方春大豆极早熟品种，生育期108天。亚有限结荚习性，主茎16节，单株有效荚28个。下胚轴紫色，株型收敛，株高68厘米，披针叶，紫花，灰色茸毛。荚弯镰形，荚果成熟褐色。籽粒圆形，种皮淡黄色，脐黄色，百粒重19克。粗蛋白质含量38.35%，粗脂肪含量21.91%。接种鉴定中感大豆花叶病毒1号株系，感大豆花叶病毒3号株系，抗大豆灰斑病1号、7号混合生理小种，抗菌核病，耐疫霉根腐病。2009年参加内蒙古大豆早熟组品种区域试验，平均亩产158.6千克，比对照品种增产12.4%；2010年参加内蒙古大豆早熟组品种区域试验，平均亩产188.0千克，比对照品种增产9.9%；2010年参加内蒙古大豆早熟组品种生产试验，平均亩产166.7千克，比对照品种增产7.1%。

[适宜推广区域] 适宜在内蒙古≥10℃活动积温2 100℃以上地区和黑龙江第五积温带春播种植。

(五) 中黄13

[品种特点] 高产，优质，多抗，适应性广，适宜种植区域

跨 3 个生态区 13 个纬度。

[**特征特性**] 有限结荚习性，半矮秆品种，株高 76 厘米左右，主茎 17~19 节，有效分枝 2~3 个，底荚高度 20 厘米，单株有效荚平均 50 个，结荚密且荚大。幼茎紫色，叶椭圆形，紫花，灰色茸毛。籽粒椭圆形，种皮黄色，脐褐色，百粒重 25 克左右。抗倒伏，耐涝，抗花叶病毒病、紫斑病，中抗孢囊线虫病。蛋白质含量 42.84%，脂肪含量 18.66%。参加安徽大豆品种区域试验，平均亩产 202.7 千克，比对照品种增产 16.0%；生产试验，平均亩产 192 千克，比对照品种增产 12.7%。

[**适宜推广区域**] 该品种适应性较广，可春夏播兼用，是迄今为止国内适应范围最广的大豆品种。适合我国 14 个省（区、市）推广种植，包括山东、山西、河北、河南、江苏、湖北等地夏播种植，以及天津、北京、河北北部等地春播种植。

（六）垦丰 16

[**品种特点**] 高产稳产，优质，中抗灰斑病，抗逆性强，适应性广。

[**特征特性**] 亚有限结荚习性，寡分枝类型，株高 65 厘米左右。尖叶，白花，灰色茸毛。3~4 粒荚较多，荚褐色。籽粒圆形，种皮黄色，有光泽，脐黄色，百粒重 18 克。生育期 120 天左右，需活动积温 2 447.2℃。蛋白质含量 40.50%，脂肪含量 20.57%。该品种出芽率高、整齐，尤其在生育后期遇干旱条件下，"石豆"少，适合作芽豆品种。根据豆浆的组织状态、色泽、香气、润滑度、口感度、滋味等标准评判，适宜作豆浆用豆。黑龙江大豆品种区域试验平均亩产 169.3 千克，比对照品种增产 7.9%；生产试验平均亩产 210.0 千克，比对照品种增产 14.4%。

[**适宜推广区域**] 适宜在黑龙江第二积温带及吉林大豆早

熟区。

(七) 冀豆 12

[**品种特点**] 高蛋白，高产稳产，广适多抗，耐盐，豆制品加工出品率高。

[**特征特性**] 有限结荚习性，圆叶，紫花，灰色茸毛，春播生育期 149 天，夏播生育期 100 天左右。株高春播 80~90 厘米，夏播 70~80 厘米，单株有效分枝 3 个，株型结构好，抗倒性强，抗裂荚性好，适宜机械化作业。春播平均单株有效荚 45 个。百粒重 23 克。籽粒椭圆形，浅脐，籽粒整齐，商品性好。经农业农村部谷物品质监督检验测试中心测定，蛋白质含量 46.48%，脂肪含量 17.07%，水溶性蛋白含量 40.2%，超国家一级标准 6.2 个百分点。参加国家黄淮北片夏大豆品种区域试验，平均亩产 195.4 千克，比对照品种增产 7.5%；生产试验平均亩产 170.5 千克，比对照品种增产 4.7%。

[**适宜推广区域**] 适宜在河北、天津、北京、山东中北部、山西中南部、新疆南部、宁夏银川地区、陕西北部、甘肃中部地区种植。

(八) 合农 95

[**品种特点**] 早熟，高产，优质食用。

[**特征特性**] 生育期平均 113 天，比对照品种克山 1 号早 3 天。株型收敛，亚有限结荚习性。株高 73.8 厘米，主茎 15 节，底荚高度 12.9 厘米，单株有效荚 32 个，单株粒数 69 粒，单株粒重 12.5 克，百粒重 19.1 克。尖叶，紫花，灰色茸毛。籽粒圆形，种皮黄色、微光，脐黄色。接种鉴定中感花叶病毒病 1 号株系、花叶病毒病 3 号株系，中抗灰斑病。粗蛋白质含量 41.39%，粗脂肪含量 18.76%。参加国家北方春大豆早熟组品种区域试验，两年平均亩产 185.4 千克，比对照品种平均增产 8.0%；生产试

验平均亩产 199.0 千克，比对照品种增产 10.0%。

[适宜推广区域] 适宜在黑龙江第三积温带下限和第四积温带、吉林东部山区、内蒙古呼伦贝尔东南部、新疆北部春播种植。

（九）合丰 55

[品种特点] 高产，高油，抗逆性强，适应性广。

[特征特性] 无限结荚习性。株高 90~95 厘米，有分枝，紫花，尖叶，灰色茸毛，荚弯镰形，成熟时呈褐色。籽粒圆形，种皮黄色，脐黄色、有光泽，百粒重 22~25 克，蛋白质含量 39.35%，脂肪含量 22.61%。接种鉴定中抗灰斑病、抗疫霉病、抗花叶病毒病 1 号株系。在适应区，生育期 117 天左右，需 ≥10℃ 活动积温 2 365.8℃左右。黑龙江大豆品种区域试验平均亩产 168.8 千克，比对照品种平均增产 12.6%；生产试验平均亩产 171.2 千克，比对照品种增产 18.2%。

[适宜推广区域] 适宜在黑龙江第二积温带和第三积温带上限，吉林东部山区，内蒙古兴安中南部，新疆昌吉种植。

（十）华疆 2 号

[品种特点] 高产，稳产，适应性强。

[特征特性] 紫花，尖叶，灰色茸毛，荚皮深褐色，三四粒荚多，百粒重 22 克左右，株型收敛，株高 80~90 厘米，蛋白质含量 41.21%，脂肪含量 20.62%，在黑龙江第六积温带，出苗至成熟 100 天左右，需 ≥10℃ 积温 1 950℃。黑龙江大豆品种区域试验平均亩产 139.8 千克，比对照品种平均增产 39.2%；生产试验平均亩产 152.4 千克，比对照品种增产 16.3%。

[适宜推广区域] 适宜在黑龙江第六积温带、内蒙古呼伦贝尔 ≥10℃ 活动积温 1 900~2 000℃地区种植。

二、成长型品种

成长型品种是审定（登记）推广 3 年以上，在国家核心展示基地或省级展示评价中表现突出，推广面积上升快，在适宜生态区（粮棉油）或全国（重点蔬菜）推广面积进入前 30 位，有望成长为骨干型的品种。

（一）绥农 52

[**品种特点**] 高产稳产，适应性强，大粒，低豆腥味。

[**特征特性**] 普通大粒品种，在适应区，生育期 120 天左右，需 ≥10℃ 活动积温 2 450℃ 左右。无限结荚习性。株高 90 厘米左右，有分枝，紫花，尖叶，灰色茸毛，荚微弯镰形，成熟时呈黄褐色。籽粒圆形，种皮黄色，脐黄色、无光泽，百粒重 29 克左右。蛋白质含量 42.09%，脂肪含量 19.72%。中抗灰斑病。田间表现抗叶部病害，注意防治根部病害。秆强抗倒伏。黑龙江大豆品种区域试验平均亩产 220.7 千克，比对照品种增产 12.0%；生产试验平均亩产 218.9 千克，比对照品种增产 10.7%。

[**适宜推广区域**] 适宜在黑龙江第二积温带种植。

（二）黑农 84

[**品种特点**] 高产，优质，多抗，兼具高抗大豆花叶病毒病、抗灰斑病、耐孢囊线虫病。

[**特征特性**] 亚有限结荚习性。株高 100 厘米左右，少分枝，紫花，尖叶，灰色茸毛，荚微弯镰形，成熟时呈褐色。籽粒圆形，种皮黄色，脐黄色、有光泽，百粒重 22 克左右。蛋白质含量 40.82%，脂肪含量 19.58%。中抗灰斑病，高抗病毒病 1 号株系，耐孢囊线虫病。参加北方春大豆中早熟组品种区域试验，两年平均亩产 207.2 千克，比对照品种增产 5.8%；生产试验平均

亩产 215.6 千克，比对照品种增产 9.8%。

[**适宜推广区域**] 适宜在黑龙江第二积温带、吉林东部山区、内蒙古兴安中东部春播种植。

(三) 中黄 901

[**品种特点**] 早熟，稳产，耐密抗倒，抗病。

[**特征特性**] 亚有限结荚习性，紫花，披针叶，灰色茸毛。株高 80 厘米，主茎 21 节，有效分枝 1 个，底荚高度 10 厘米，籽粒黄色，黄脐，百粒重 18.9 克，成熟时荚褐色，抗倒性强，田间表现为抗大豆灰斑病和花叶病毒病，成熟时落叶性好，不裂荚。北方春极早熟品种，内蒙古极早熟组品种区域试验中平均生育期 106 天，比对照品种蒙豆 9 号早熟 1 天。黑龙江引种试验平均生育期比黑河 45 晚熟 1 天。抗灰斑病，中抗花叶病毒病 1 号株系。籽粒粗蛋白质含量 41.52%，粗脂肪含量 21.31%。2011年参加大豆极早熟组区试试验，平均亩产 163.5 千克，比对照品种增产 12.1%；2012 年参加大豆极早熟组区试试验，平均亩产 159.4 千克，比对照品种增产 6.1%；2014 年参加大豆极早熟组生产试验，平均亩产 185.1 千克，比对照品种增产 8.2%。

[**适宜推广区域**] 适宜在内蒙古呼伦贝尔 ≥10℃ 活动积温 2 100℃ 以上地区、黑龙江第五积温带种植。

(四) 蒙豆 1137

[**品种特点**] 丰产稳产，抗倒伏，耐密植，抗灰斑病，耐疫霉根腐病，适应性广。

[**特征特性**] 北方春大豆早熟品种，生育期 119 天。亚有限结荚习性，株高 73.2 厘米，主茎 14 节，底荚高度 15.8 厘米，单株有效荚 26 个，单株粒数 60 粒，单株粒重 10.8 克。籽粒圆形，微光，披针叶，白花，灰色茸毛，成熟荚果褐色。种皮黄色，脐黄色，百粒重 18.9 克。粗蛋白质含量 40.77%，粗脂肪含

量 19.53%。中感花叶病毒病 1 号株系、花叶病毒病 3 号株系，抗灰斑病。参加北方春大豆早熟组品种区域试验，两年平均亩产 172.5 千克，比对照品种增产 7.4%；生产试验平均亩产 183.4 千克，比对照品种增产 9.6%。

[适宜推广区域] 适宜在黑龙江第三积温带下限和第四积温带、吉林东部山区、内蒙古兴安北部和呼伦贝尔大兴安岭南麓地区、新疆北部地区春播种植。

（五）菏豆 33 号

[品种特点] 高产稳产，抗病抗倒，耐盐碱，广适，适宜间作和机械化生产。

[特征特性] 黄淮海夏大豆品种，夏播生育期平均 102 天。株型收敛，有限结荚习性。株高 62.7 厘米，主茎 14 节，有效分枝 1 个，底荚高度 19.2 厘米，单株有效荚 39 个，单株粒数 81 粒，单株粒重 18.5 克，百粒重 24.3 克。卵圆形叶，白花，棕毛。籽粒椭圆形，种皮黄色、有光泽，脐浅褐色。抗花叶病毒病 3 号株系和 7 号株系，高感孢囊线虫病 2 号生理小种。籽粒粗蛋白质含量 41.76%，粗脂肪含量 20.59%。2017 年参加国家黄淮海南片大豆品种区域试验，平均亩产 201.4 千克，比对照品种增产 14.5%；2018 年续试，平均亩产 200.5 千克，比对照品种增产 11.6%；2018 年生产试验，平均亩产 201.4 千克，比对照品种增产 12.1%。

[适宜推广区域] 适宜在山东、河南东部和中南部、江苏和安徽两省淮河以北地区夏播种植。

（六）合农 85

[品种特点] 高产，高油，适应性广。

[特征特性] 北方春大豆中早熟高油型品种，春播生育期平均 119 天，与对照品种合交 02-69 早熟期相当。株型收敛，亚有

限结荚习性。株高 85.2 厘米，主茎 17 节，底荚高度 17.2 厘米，单株有效荚 41 个，单株粒数 90 粒，单株粒重 17.8 克，百粒重 20.1 克。尖叶，紫花，灰色茸毛。籽粒圆形，种皮黄色、微光，脐黄色。中抗花叶病毒病 1 号株系，中感花叶病毒病 3 号株系，中抗灰斑病。籽粒粗蛋白含量 39.24%，粗脂肪含量 22.17%。参加北方春大豆中早熟组品种区域试验，两年平均亩产 205.8 千克，比对照品种增产 9.3%；生产试验平均亩产 212.5 千克，比对照品种增产 8.1%。

[**适宜推广区域**] 适宜在黑龙江第二积温带和第三积温带上限、吉林东部山区、内蒙古兴安中南部地区春播种植。

三、苗头型品种

苗头型品种是审定（登记）推广在 3 年内，产量、抗性、品质均表现较好，综合性状优良，在国家核心展示基地或省级展示评价中表现优异，市场潜力较大，阵型企业或育繁推一体化企业计划主推，有望进一步成为成长型和骨干型的品种。

（一）绥农 94

[**品种特点**] 高产，稳产，适应性强。

[**特征特性**] 普通型，中早熟春大豆品种，春播生育期平均 120 天。株型收敛，无限结荚习性。株高 89.7 厘米，百粒重 20 克。尖叶，紫花，灰色茸毛。籽粒圆形，种皮黄色、无光，脐黄色。中抗花叶病毒病 1 号株系，中感花叶病毒病 3 号株系，中抗灰斑病。籽粒粗蛋白含量 37.26%，粗脂肪含量 21.38%。黑龙江大豆品种区域试验平均亩产 197.1 千克，比对照品种增产 6.6%；生产试验平均亩产 167.2 千克，比对照品种增产 6.9%。

[**适宜推广区域**] 适宜在黑龙江第二积温带和第三积温带上限、吉林东部山区、内蒙古兴安中南部、新疆昌吉春播种植。

（二）郑 1307

[**品种特点**] 高产，多次测产亩产超过 300 千克，最高亩产达 368.3 千克。

[**特征特性**] 黄淮海夏大豆品种，夏播生育期 102 天，比对照品种晚熟 7 天，株型收敛，有限结荚习性。株高 75.9 厘米，主茎节数 18 个，有效分枝 1 个。底荚高度 18.4 厘米，单株有效荚 58 个，单株粒数 110 粒，百粒重 18.2 克。卵圆形叶，紫花，灰色茸毛。籽粒圆形，种皮黄色、有光泽，脐褐色。中抗花叶病毒 3 号株系，抗花叶病毒 7 号株系，高感孢囊线虫 2 号生理小种。籽粒粗蛋白含量 42.22%，粗脂肪含量 19.46%。参加黄淮海南片夏大豆品种区域试验，两年平均亩产 204.1 千克，比对照品种增产 14.8%；生产试验平均亩产 209.7 千克，比对照品种增产 16.2%。

[**适宜推广区域**] 适宜在山东南部、河南全部、江苏和安徽两省淮河以北地区夏播种植。

四、特专型品种

特专型品种是新近审定（登记）、符合多元化市场消费需求、能显著提高土地、肥水、光温等资源利用率的特色、专用型优良新品种，或在产量、抗性、品质、生育期、适宜机械化、适宜新型农作制度（如再生稻、带状复合种植）等方面有突破和质的提升的品种。

（一）邯豆 13

[**品种特点**] 高产，抗倒伏，耐密，耐阴，适合大豆玉米带状复合种植。

[**特征特性**] 黄淮海夏大豆品种，生育期平均 107 天。株型收敛，有限结荚习性。株高 66.2 厘米，主茎 14 节，有效分枝 14

个，底荚高度 12.5 厘米，单株有效荚 38 个，单株粒数 84 粒，单株粒重 18.2 克，百粒重 22.5 克。卵圆形叶，紫花，灰色茸毛。籽粒椭圆形，种皮黄色、微光，脐褐色。抗花叶病毒病 3 号株系和 7 号株系，高感孢囊线虫病 2 号生理小种。籽粒粗蛋白质含量 39.09%，粗脂肪含量 21.14%。参加黄淮中片夏大豆品种区域试验，两年平均亩产 209.6 千克，比对照品种增产 11.8%；生产试验平均亩产 216.8 千克，比对照品种增产 4.6%。

[**适宜推广区域**] 适宜在河北中南部、山东中部、河南北部和中部、山西南部、陕西关中地区夏播种植。

（二）徐豆 18

[**品种特点**] 丰产性好，适应性广，抗病，耐盐，耐阴，适合大豆玉米带状复合种植。

[**特征特性**] 黄淮海夏大豆品种，有限结荚习性，卵圆形叶，白花，灰色茸毛。株高 70 厘米左右，百粒重 22 克左右。籽粒椭圆形，种皮黄色、微光，脐褐色。抗大豆花叶病毒病 3 号株系和 7 号株系。耐盐性好，在滨海盐碱地区东台市现场实收最高亩产达 287.2 千克。适合带状复合种植，经四川农业大学进行大豆玉米带状复合种植试验，表现出较好的耐阴性，在 2022 年实际应用中多地测量亩产达 130 千克以上。参加黄淮海南片夏大豆品种区域试验，两年平均亩产 181.7 千克，比对照品种平均增产 6.5%；生产试验平均亩产 170.6 千克，比对照品种增产 6.7%。

[**适宜推广区域**] 适宜在江苏、湖北、安徽、山东南部、河南东南部夏播种植。

（三）南夏豆 25

[**品种特点**] 早熟性好，稳产性好，品质优，耐阴，抗倒，适合大豆玉米带状复合种植。

[**特征特性**] 夏播生育期 125～130 天，比对照品种早熟 10

天以上。植株直立，株型收敛。叶卵圆形，落叶性好。棕毛，白花，有限结荚习性，不裂荚。籽粒椭圆形，种皮黄色，脐褐色，百粒重 24.9 克。籽粒粗蛋白质含量 49.1%～50.1%。中抗 SC3、SC15、SC18，抗大豆花叶病毒 7 号株系。耐阴性好，抗倒性强，适宜与玉米、幼林间套作及净作种植。参加四川夏大豆品种组区域试验，平均亩产 102.9 千克，比对照品种增产 4.7%；生产试验平均亩产 123.2 千克，比对照品种增产 21.2%。

[适宜推广区域] 适宜在四川和重庆平坝、丘陵及低山区（海拔 800 米以下）夏播种植以及类似生态区域种植。

(四) 冀豆 17

[品种特点] 高产优质，多抗，广适，耐密，抗倒，适合大豆玉米带状复合种植。

[特征特性] 亚有限结荚习性，叶椭圆形，白花，棕毛。株高 100 厘米，底荚高度 20 厘米，分枝 3 个，单株有效荚 53 个，荚成熟时褐色。籽粒圆形，种皮黄色、有光泽，脐黑色，百粒重 19 克。黄淮海夏大豆区为中熟品种，春播区为中早熟品种。夏播生育期 109 天。株型结构好，根系发达，抗旱耐涝，强抗倒伏。抗病、耐逆性突出，适宜机械化作业。抗大豆花叶病毒病 3 个流行株系。籽粒蛋白质含量 38.00%，脂肪含量 22.98%。2004 年参加黄淮海中片夏大豆品种区域试验，平均亩产 185.8 千克，比对照品种增产 6.7%；2005 年续试，平均亩产 203.3 千克，比对照品种增产 8.0%；2005 年生产试验，平均亩产 198.2 千克，比对照品种增产 5.4%。

[适宜推广区域] 适宜在河北省春播和夏播种植；在山东、河南、陕西关中平原、江苏和安徽两省淮河以北地区夏播种植；在宁夏中北部，陕西北部、渭南，山西中部、东南部，甘肃陇东地区春播种植。

第三节 大豆品种选择的依据

选择适宜的优良品种是大豆高质高效生产的前提。在大豆生产中，首先应选择已审定的优良品种，接着从大豆的适应性、生育期、栽培目的、结荚习性、粒形与粒大小、种皮、种脐色及茸毛色、抗病虫特性等生态性状进行选择。

一、适应性

品种的适应性是指大豆长期受到环境条件的影响，在形态结构和生理生化特性上发生改变而形成的新类型和品种。例如，大豆是短日照作物，缩短日照可加速其发育，延长日照则延迟开花。长期生长在地理纬度不同的地区，大豆逐渐形成了对日照反应不同的品种。一般在我国日照由南向北逐渐加长，因此，在长日照的北方形成了短日性弱的品种；而日照短的南方，形成了短日性强的品种。

二、生育期

大豆品种生育期是由其光、温反应特性决定的。它关系到一年一熟春大豆区的品种能否适应一个地区的无霜期及是否能在霜前正常成熟。对于夏、秋大豆，生育期选择必须考虑复种的要求。

南方大豆区，无霜期在 300 天以上，可根据复种需要，种植春、夏、秋、冬大豆。夏大豆于 5 月下旬至 6 月上旬播种，9 月下旬至 10 月上旬收获，可选用生育期为 110~125 天的中早熟或中晚熟品种。春大豆 3 月底至 4 月上旬播种，7 月中旬至 8 月上旬收获，选用生育期为 100~110 天的中熟品种或生育期为 95~100 天的早熟品种。秋大豆多在 7 月底早稻收获后种植，宜选用生育期为 90~115 天的中早熟或晚熟品种，总之要根据换茬安排，选用生育期适宜的品种。

三、栽培目的

在生产专用型大豆时，特别要注意选用适宜的品种。在普通型大豆生产中，品种和配套栽培措施的作用各占一半，但对于专用型大豆生产，品种的作用约占 70%，栽培措施的作用只占 30%左右。例如，高油大豆的生产，一般要选用含油量超过 21%的品种；高蛋白大豆的生产，要选择蛋白质含量超过 45%的品种；菜用大豆的生产，一定要选用籽粒大、容易裂荚的专用型品种。

四、结荚习性

不同结荚习性的大豆品种对土壤肥力等栽培条件的适应能力不同。有限结荚习性品种茎秆粗壮、节间短，株高中等，在肥、水充足条件下，结荚多，粒大饱满，丰产性能高，适合在多雨、土壤肥沃的地区种植；无限结荚习性品种，对肥、水要求不太严格，即使种在瘠薄地区，仍能获得一定的产量。亚有限结荚习性品种对肥、水条件的要求介于前两者之间。在亚有限结荚习性品种中，株高中等、主茎发达的品种，适合在较肥沃地种植；植株高大、繁茂性强的，则适宜在瘠薄地种植。在多雨、肥沃地区或稻田的田埂，或者与玉米间作的大豆，应选用丰产性能高、茎秆粗壮、中大粒的有限结荚习性品种。在少雨、瘠薄、生长季节短的高纬度地区及冷凉山区，应选用无限结荚习性品种。

五、粒形与粒大小

粒形与粒大小不同的大豆品种对土壤肥力和栽培条件的适应

能力不同。性状愈接近野生大豆，其品种抗性愈强。大粒种要求土壤肥沃、水分充足。椭圆形、扁椭圆形、种粒小的品种，较能适应不良的环境条件。

不同粒大小的品种选用，也因用途需求而定。菜用大豆，百粒重38~40克；生豆芽用的品种，百粒重只有4~5克；作饲料的秋大豆，百粒重6~10克。

六、种皮色、种脐色及茸毛颜色

种皮色、种脐色及茸毛色，是代表大豆进化程度的指标。种皮色、种脐色及茸毛颜色深是大豆较为原始的类型，种皮色有黄色、青色、黑色、褐色、灰色等。

七、抗病虫害特性

宜选用抗病虫害的大豆品种。选用大豆品种，除考虑以上生态性状外，还要考虑耕作栽培条件。例如，在大豆机械化栽培地区，应选用植株高大、秆强不倒、主茎发达、株型紧凑、结荚部位高、不易烂荚落粒的品种，以利于机械收割和脱粒。

第三章 大豆播种技术

第一节　种子处理

大豆播前，种子处理有 3 种方式：晒种、拌种和种子包衣。

一、晒种

晒种是提高发芽率及种子生活力的一项有效措施。首先除去破损粒、虫口粒、杂物等，然后进行晒种，播种前需要晒 2~3 天。晒种切忌在水泥地上暴晒，晾晒时要薄铺勤翻，防止中午强烈的日光暴晒造成种皮破裂。晾晒后将种子摊开散热降温，再装入袋中备用。

二、拌种

播种前一般不需要进行药剂拌种，除非有些地块地下害虫严重或缺乏某种营养元素。常用的拌种方法有根瘤菌拌种、微肥拌种和稀土拌种 3 种。

（一）根瘤菌拌种

根瘤菌剂是工厂生产的细菌肥料，包装上注明有效期和使用说明。大豆根瘤菌剂使用方法简单，不污染环境。每亩用根瘤菌剂 250 克拌种。经测定，用根瘤菌拌种的土壤比不拌种的土壤每亩可增加纯氮 1 千克，相当于标准化肥硫酸铵 5 千克。使用前应存放在阴凉处，不能暴晒于阳光下，以防根瘤菌被阳光杀死。拌种方法：将根瘤菌剂稀释在 20% 种子重的清水中，然后洒在种子表面，并充分搅拌，让根瘤菌剂粘在所有的种子表面。拌完后尽快（24 小时内）将种子播入湿土中。播完后立即盖土，切忌阳光暴晒。已拌菌的种子最好在当天播完，超过 48 小时应重新拌种，已开封使用的菌剂也应在当天用完。种子拌菌后不能再拌杀虫剂等化学农药，如果种子需要消毒，应在菌剂拌种前 2~3 天进行，防止农药将活菌杀死。

（二）微肥拌种

经过测土证明缺微量元素的土壤或用对比试验证明施用微肥有效果的土壤，在大豆播种前可以用微肥拌种。但生产绿色食品大豆时不宜采用。

1. 钼酸铵拌种

每亩用钼酸铵 2 克，种子 5 千克。先将钼酸铵磨细，放在容器内加少量热水溶化，加水 0.13 千克（注意：水多易造成豆种脱皮），用喷雾器喷在大豆种子上，阴干后播种。注意拌种后不要晒种，以免种子破裂，影响种子发芽。如种子需要药剂处理，待拌钼酸铵的种子阴干后，再进行其他药剂拌种。

2. 硼砂拌种

在缺硼的地块，用硼砂拌种具有很好的增产效果。每亩用硼砂 8~10 克，于大豆播种前，用 0.5% 硼砂溶液拌种，液种比为 1∶6，种子阴干后播种。

3. 硫酸锌拌种

在缺锌地区用硫酸锌拌种有显著的增产作用。每千克豆种用硫酸锌 4~6 克，将硫酸锌溶于水中，用液量为种子重的 1%，均匀洒在豆种上，混拌均匀。

4. 硫酸锰拌种

石灰性土壤往往缺锰，可用 0.1%~0.2% 的硫酸锰溶液均匀拌种，阴干后播种。

微肥拌种和种子包衣同时应用时，应先微肥拌种，阴干后再进行种子包衣。

(三) 稀土拌种

稀土是一种微量元素肥料。镧系元素和与其性质极为接近的钪、钇等 17 种元素，统称稀土元素。农业上施用稀土不仅能供给农作物微量元素，还能促进作物根系发达，提高作物对氮、磷、钾的吸收，提高作物光能利用率，从而提高产量。用稀土拌大豆种，能促进大豆根系生长，提高光合速率，平均增产 8.1%。

拌种方法简便易行：用稀土 25 克加水 250 克，拌大豆种子 15 千克。

此外，用稀土在苗期喷洒叶面进行追肥，也有很好的效果。稀土可与多种化学除草剂、杀菌剂和杀虫剂混合施用，无拮抗现象。我国稀土资源丰富，容易取得，在农业上有广泛使用的前景。

三、种子包衣

(一) 种衣剂

种衣剂是由农药原药（杀虫剂、杀菌剂等）、肥料、生长调节剂、成膜剂及配套助剂经特定工艺流程加工制成的，可直接或经稀释后包覆于种子表面，形成具有一定强度和通透性的保护层膜的农药制剂。种衣剂在种子播入土壤后，几乎不被溶解，在种子周围形成防止病虫侵害的保护屏障，并缓慢释放，被内吸传输到地上部位，继续起防治病虫害的作用。种衣剂内的微肥和激素则起肥效和刺激根系生长的作用。种衣剂药效在土壤中可持续 45~60 天。

（二）种子包衣的作用

1. 能有效地防治大豆苗期病虫害

能有效防治第一代大豆孢囊线虫、根腐病、根潜蝇、蚜虫、二条叶甲等，因此可以缓解大豆重茬、迎茬减产现象。

2. 促进大豆幼苗生长

特别是对于重茬、迎茬大豆幼苗，微量元素营养不足致使幼苗生长缓慢、叶片小，使用种衣剂包衣后，能及时补给一些微肥，特别是它所包含的一些外源激素，能促进幼苗生长，使幼苗油绿不发黄。

3. 增产效果显著

大豆种子包衣可提高保苗率，减轻苗期病虫害，促进幼苗生长，因此能显著增产。

（三）大豆包衣种子的质量要求

大豆是子叶出土作物，种子萌发时，子叶要从土下伸出地面，种衣剂浓度过高或包衣质量不好，容易造成出苗不好或出苗后因种子不能脱落，致使子叶无法张开。因此，包衣种子质量要求达到表3-1所列标准。

表3-1　大豆包衣种子质量要求　　　　　　　单位：%

作物	包衣合格率	脱落率	破碎率增值	皱皮（有、无）
大豆	≥95	≤1.0	≤0.2	无

（四）种子包衣方法

种子经销部门一般使用种子包衣机械，统一进行包衣，供给包衣种子。如果买不到包衣种子，农户也可购买种衣剂进行人工包衣。方法是用装肥料的塑料袋，装入20千克大豆种子，同时加入300~350毫升大豆种衣剂，扎好口后迅速滚动袋子，使每粒种子都包上一层种衣剂，装袋备用。

（五）种子包衣注意事项

1. 种衣剂的选型

要注意有无沉淀物和结块。包衣处理后种子表面光滑，容易流动。

2. 正确掌握用药量

用药量大，不仅浪费药剂，而且容易产生药害，用药量少又会降低效果。因此一般要依照厂家说明书规定的使用量（药种比例）。

3. 用前充分摇匀

使用种衣剂处理的种子不许再采用其他药剂、化肥等混种，不可兑水。

4. 做好防护

种衣剂含有剧毒农药，使用时应穿戴好劳动保护服。注意防止农药中毒（包括家禽），注意不与皮肤直接接触，如发生头晕、恶心现象，应立即远离现场，重者应马上送医院抢救。

第二节　整地、施基肥

一、整地

大豆是深根系作物，并有根瘤菌共生。要求耕层有机质丰富，活土层深厚，土壤容重较低及保水保肥性能良好。适宜作业的土壤含水率 15% ~25%。

（一）保护性耕作地块

实行保护性耕作的地块，如田间秸秆（经联合收割机粉碎）覆盖状况或地表平整度影响免耕播种作业质量，应进行秸秆匀撒处理或地表平整，保证播种质量。可应用联合整地机、齿杆式深松机或全方位深松机等进行深松整地作业。提倡以间隔深松为特征的深松耕法，构造"虚实并存"的耕层结构。间隔 3~4 年深松整地 1 次，以打破犁底层为目的，深度一般为 35~40 厘米，稳定性≥80%，土壤膨松度≥40%，深松后应及时合墒，必要时镇压。对于田间水分较大、不宜实行保护性耕作的地区，需进行耕翻整地。

（二）东北地区

对上茬作物（玉米、高粱等）根茬较硬，没有实行保护性耕作的地区，提倡采取以深松为主的松旋翻耙，深浅交替整地方法。可采用螺旋型犁、熟地型犁、复式犁、心土混层犁、联合整地机、齿杆式深松机或全方位深松机等进行整地作业。

1. 深松

间隔 3~4 年深松整地 1 次，深松后应及时合墒，必要时镇压。

2. 整地

平播大豆尽量进行秋整地，深度 20~25 厘米，翻、耙、耢结合，无大土块和暗坷垃，达到播种状态；无法进行秋整地而进行春整地时，应在土壤"返浆"前进行，深度以 15 厘米为宜，做到翻、耙、耢、压连续作业，达到平播密植或带状栽培要求状态。

3. 垄作

整地与起垄应连续作业，垄向要直，100 米垄长直线度误差不大于 2.5 厘米（带 GPS 作业）或 100 米垄长直线度误差不大于 5 厘米（无 GPS 作业）；垄体宽度按农艺要求形成标准垄形，垄距误差不超过 2 厘米；起垄工作幅误差不超过 5 厘米，垄体一致，深度均匀，各铧入土深度误差不超过 2 厘米；垄高一致，垄体压实后，垄高不小于 16 厘米（大垄高不小于 20 厘米），各垄高度误差应不超过 2 厘米；垄形整齐，不起垡块，无凹心垄，原垄深松起垄时应包严残茬和肥料；地头整齐，垄到地边，地头误差小于 10 厘米。

（三）黄淮海地区

前茬一般为冬小麦，具备较好的整地基础。没有实行保护性耕作的地区，一般先撒施底肥，随即用圆盘耙灭茬 2~3 遍，耙深 15~20 厘米，然后用轻型钉齿耙浅耙一遍，耙细耙平，保障播种质量；实行保护性耕作的地区，也可不整地，待墒情适宜时直接播种。

二、施基肥

基肥是指在秋翻或播种前进行的施肥。基肥多以农家肥为主、化学肥料为辅，重施基肥，增施农家肥作基肥，是保证大豆高产稳产的重要条件。

（一）基肥的种类和作用

基肥主要以有机肥（农家肥）为主，适当配合化学肥料。作为基肥施用的有机肥种类很多，如厩肥、堆肥、腐熟草炭、绿肥、土杂肥等。有机肥是完全肥料，它不但含有氮、磷、钾三要素，同时还含有钙、镁、硫和各种微量元素，以及刺激植物生长的一些特殊物质如胡敏酸、维生素、生长素和抗生素等。因此，施用有机肥作基肥，可以为大豆生长发育提供各种营养元素。有机肥还具有种类多、来源广、数量足、成本低、肥效长等特点。在有机肥料中，以猪粪对大豆的增产效果最好，其次是堆肥，土杂肥的效果较差。

（二）基肥的施用量

基肥的施用量取决于肥料种类、土壤肥力水平、大豆的需肥特性等。各地生产条件不同，因此很难确定一个统一的施肥量。

一般肥力中等或低下的地块，每亩施腐熟有机肥 1 000 ~ 1 500 千克；肥力较高的地块，每亩施腐熟有机肥 500 ~ 1 000 千克，并与下列化肥配方之一充分混拌后施用。

配方一：磷酸二铵 8 ~ 10 千克加硫酸钾 10 ~ 12 千克或氯化钾 8 ~ 10 千克。

配方二：尿素 3.5 ~ 4 千克、重过磷酸钙 8 ~ 10 千克加硫酸钾 10 ~ 12 千克或氯化钾 8 ~ 10 千克。

配方三：硫酸铵 7 ~ 8 千克、重过磷酸钙 25 ~ 30 千克加硫酸钾 10 ~ 12 千克或氯化钾 8 ~ 10 千克。

瘠薄地和前作耗肥大、施肥量少的地块要注意多施粪肥。如果来不及施用大量有机肥，也可用饼肥和少量氮肥作基肥，每亩用饼肥 35 ~ 40 千克、磷肥 20 ~ 25 千克、尿素 1.5 ~ 3.5 千克。另外，要根据需要在基肥中施用硼、锰、锌等微量元素肥料。

(三) 基肥的施用方法

大豆施用基肥的方法，因耕地和整地的方法不同而异，一般可分为耕地施肥、耙地施肥和条施基肥 3 种。

1. 耕地施肥

在翻地或犁地前，把有机肥均匀撒于地表，通过耕地将肥翻入耕层，并使之与土壤融合。深施基肥，对保证大豆生育后期，特别是结荚鼓粒期的养分供应起很大作用。在东北地区普遍采用这种施肥方法，其他地区也有采用此法进行基肥施用的。耕地施肥法的优点是肥料翻入土层的部位，恰好位于大豆根系密集区，便于大豆在各个生育时期吸收利用，同时也为大豆创造了疏松而深厚的耕层，施肥的深度随耕地的深度而定，一般深度为 15 ~ 20 厘米。

2. 耙地施肥

先把有机肥均匀地撒于地表，通过圆盘耙细致耙地，把有机肥耙入 10 厘米以内的土层中，与土壤充分混合。在夏大豆、秋大豆产区，复种指数较高，在种大豆前，一般不耕翻地而采用耙地施肥；在东北地区的秋耕地，一般采用耙地施肥。耙地的机具以圆盘耙或灭茬耙效果较好，耙地的方法可以采用纵横交叉耙法，做到细致耙地，土肥相融。

3. 条施基肥

把少量的有机肥料集中施在播种沟下面，使大豆根系能充分地吸收利用养分，既能保证幼苗生长良好，也能为大豆后期生长陆续供给大量的养分。这种施肥法的优点是肥料集中、肥效较高。

(四) 注意事项

一是肥料要撒施均匀，不积堆。

二是耕翻和耙地的深度要保持一致，使肥料和土壤能互相均匀混合。

三是要根据播种当时的土壤水分情况进行施肥，特别是在易受干旱威胁的地区，更应做到因地、因时制宜。

第三节　播种方法

一、大豆播种期

晚春播种的大豆为春大豆，小麦收获后播种的大豆为夏大豆。播种期对大豆产量和品质影响很大。适时播种，保苗率高，出苗整齐、健壮，生育良好，茎秆粗壮。大豆要获得高产，保苗很关键，在适宜的播种期播种对保全苗是十分必要的。在大豆种植面积较少的地区，不少农户不重视大豆生产，大豆播种期忽早忽晚，造成大豆既不高产也不稳定。大豆播种太早，容易受低温冷害的影响，造成种子腐烂而缺苗断条；播种过晚，出苗虽快，但植株营养生长期太短，干物质积累少，苗不健壮，如遇墒情不好，还会出苗不齐，最终导致减产。

土壤温度与土壤含水量是决定春大豆适宜播种期的两个主要因素。一般认为，北方春大豆区，土壤5～10厘米深的土层内，日平均温度为8～10℃、土壤含水量为20%左右时，播种较为适宜。因此，东北地区大豆适宜播种期在4月下旬至5月中旬，其北部5月上旬播种，中、南部4月下旬至5月中旬播种；北部高原地区4月下旬至5月中旬播种，其东部5月上中旬播种，西部4月下旬至5月中旬播种；西北地区4月中旬至5月中旬播种，其北部4月中旬至5月上旬播种，南部4月下旬至5月中旬播种。

黄淮海区和南方区大豆种植区，大豆的播种期受后茬和后期低温的制约。黄淮海区夏大豆6月中下旬播种。南方区，长江亚区夏大豆5月下旬至6月上旬播种，春大豆4月上旬至5月上旬播种；东南亚区，春大豆3月下旬至4月上旬播种，夏大豆5月下旬至6月上旬播种，秋大豆7月下旬至8月上旬播种；中南亚区，春大豆3月下旬至4月上旬播种，夏大豆6月上中旬播种，秋大豆7月中旬至8月上旬播种；西南亚区，春大豆4月播种，夏大豆5月上中旬播种；华南亚区，春大豆2月下旬至3月上旬播种，夏大豆5月下旬至6月上旬播种，秋大豆7月播种，冬大豆12月下旬至翌年1月上旬播种。

夏播大豆和秋播大豆生长季节较短，适期早播很重要。另外，播种期也可根据品种生育期类型、地块的地势等加以适当调整。晚熟品种可早播，中熟、早熟品种可适当后播。早熟品种春播，土壤温度高、地势高的，可早些播种，土壤墒情好的地块可晚些播，岗平地可以早些播种。

二、大豆播种密度

播种密度与产量有密切关系。所谓合理密植是指在当地、当时的具体条件下，正确处理好个体和群体的关系，使群体得到最大限度的发展，个体也得到充分发育；使单位面积上的光能和地力得到充分利用；在同样的栽培条件下，能获得最好的经济效益。因此，适宜的密度不是一成不变的，不能简单地讲"肥地宜稀，瘦地宜密"。豆科作物对自然条件的要求不一样，合理密植受多种因素的影响。

(一) 影响播种密度的因素

1. 土壤肥力

土壤肥力充足，植株生长繁茂，植株高大，分枝多，如果播种密度过大，则封垄过早，郁闭严重。株间通风透光不良，容易引起徒长倒伏、花荚脱落，最后导致减产。土壤瘠薄，植株发育受影响，个体小，分枝少，应加大密度，以充分利用地力和光能，达到增产目的。即"肥地应稀，瘦地宜密"。

2. 品种与播种期

品种的繁茂程度，如植株高度、分枝数量、叶片面积等与播种密度的关系密切。凡植株高大，生长繁茂，分枝多、晚熟的品种，播种密度要小些；植株矮小、分枝少、早熟的品种，播种密度要大些。播种期早，播种密度应当减小，播种期延迟，播种密度应加大。

3. 气候条件

高纬度、高海拔地区，气温低，植株生长量小，播种密度应大些。

4. 品种类型、播种季节

一般夏大豆生育期较长，植株高大，播种密度宜稀；春大豆生育期较短，秋大豆生育期最短，植株也较矮小，宜适当密植。

5. 栽培方式

采用机械化栽培管理时，播种密度与用人工、畜力管理的不一样。加大播种密度可以显著提高底荚高度，分枝少，便于用机械收割。采用窄行播法时，可以稍加大播种密度。大豆玉米间作时，大豆密度要稀些。播种密度是确定大豆播种量的主要因子，同时也要考虑种子发芽率和百粒重等。通常田间损失率按 7% ~ 10% 计算。

(二) 不同地区的参考播种密度

1. 北方春大豆的播种密度

在肥沃土地种植分枝性强的品种，亩保苗以 0.8 万 ~ 1.0 万株为宜。在瘠薄土地种植分枝性弱的品种，亩保苗以 1.6 万 ~ 2.0 万株为宜。在高纬度高寒地区种植的早熟品种，亩保苗以 2 万 ~ 3 万株。在种植大豆的极北限地区种植极早熟品种，宜保苗 3 万 ~ 4 万株。

2. 黄淮平原和长江流域夏大豆的播种密度

一般亩保苗 1.5 万 ~ 3.0 万株。平坦肥沃、有灌溉条件的土地，亩保苗 1.2 万 ~ 1.8 万株。肥力中等及肥力一般的地块，亩保苗 2.2 万 ~ 3 万株。

(三) 注意事项

合理密植的基础是苗全苗匀；合理密植必须与良种良法相结合；加强间田间管理是充分发挥合理密植增产作用的关键。

三、常见播种方法

目前在生产上应用的大豆播种方法主要有窄行密植播种法、等距穴播法、60 厘米双条播、精量点播法、原垄播种、耧播、麦地套种、板茬种豆等。

（一）窄行密植播种法

缩垄增行、窄行密植是国内外都在积极采用的栽培方法。改60~70厘米宽行距为40~50厘米窄行密植，一般可增产10%~20%。从播种、中耕管理到收获，均采用机械化作业。机械耕翻地，土壤墒情较好，出苗整齐、均匀。窄行密植后，合理布置了群体，充分利用了光能和地力，并能够有效地抑制杂草生长。

（二）等距穴播法

机械等距穴播提高了播种工效和质量。出苗后，株距适宜，植株分布合理，个体生长均衡。群体均衡发展，结荚密，一般产量较条播增产10%左右。

（三）60厘米双条播

在深翻细整地或耙茬细整地基础上，采用机械平播，播后结合中耕起垄。优点：能抢时间播种，种子直接落在湿土里，播深一致，种子分布均匀，出苗整齐，缺苗断垄少。机播后起垄，土壤疏松，加上精细管理，故杂草也少。

（四）精量点播法

在秋翻耙地或秋翻起垄的基础上刨净茬子，在原垄上用精量点播机或改良耙单粒、双粒平播或垄上点播，能做到下籽均匀、播深适宜，保墒、保苗，还可集中施肥，不需间苗。

（五）原垄播种

为防止土壤跑墒，采取原垄茬上播种。这种播法具有抗旱、保墒、保苗的重要作用，还有提高土壤温度、消灭杂草、利用前茬肥和降低作业成本的好处，多在干旱情况下应用。

（六）耧播

黄淮海流域夏大豆地区常采用此法播种。一般在小麦收割后抓紧整地，耕深15~16厘米，耕后耙平耢实，抢墒播种。在劳动力紧张、土壤干旱情况下，一般采取边收麦、边耙、边灭茬，随即播种。播后再耙耢 1 次，达到土壤细碎平整以利于出苗。

（七）麦地套种

夏大豆地区，多在小麦成熟收割前，于麦行里套种大豆。一般 5 月中下旬套种，用耧式镐头开沟，种子播于麦行间，随即覆土镇压。

（八）板茬种豆

湖南、广西、福建、浙江等南方地区种植的秋大豆多采用此法。一般在 7 月下旬至 8 月上旬播种。以适时早播为佳，在早稻或中稻收获前，即先排水露田，但不能排得过干，水稻收获后在原茬行上穴播种豆。一般每亩 1 万株左右，每穴 2~3 株，播完后第二天再漫灌催芽，浸泡 5~6 小时后，将水排干。

第四章

大豆全生育期管理技术

第一节 大豆幼苗期管理

一、大豆幼苗期的生长特点

大豆从出苗到分枝出现，称为幼苗期，约占整个生育期的1/5。大豆种子发芽时，子叶带着幼芽露出地表，子叶出土后即展开，经阳光照射由黄色转绿色，开始光合作用。胚芽继续生长，第一对单叶展开，这时幼苗具有两个节和一个节间。在生产中大豆第一个节间的长度，是一个重要的形态指标。植株过密，土壤湿度过大，往往第一节间过长，茎秆细，苗弱，发育不良。如遇这种情况，应及早间苗、破土散墒、防止幼苗徒长。当第一复叶出现时，称为三叶期；当第二复叶展平时，大豆已开始进入分枝期。因此在大豆第一对单叶出现到第二复叶展平这段时间里，必须抓紧时间及时间苗、定苗，促进苗全、苗壮、根系发达，防治病虫害，为大豆丰产打好基础。

二、大豆幼苗期的管理目标

幼苗终期可形成 4 片真叶，茎粗可达到总茎粗的1/4，根系可深达40厘米，占总根长的1/2。这一阶段是以生长根、茎、叶为主的营养生长时期。幼苗对低温的抵抗能力较强，最适宜温度为 25℃左右。在此期间幼苗较能忍受干旱，适宜土壤相对湿度为 10%～22%。幼苗期对营养、水分的需要处于全生育期最少阶段，但又是促进根系生长的关键时期。此阶段管理应达到苗齐、苗壮的目标。

三、大豆幼苗期的管理措施

（一）搞好田间排灌工程

我国大豆生长处于多雨季节，全年的降水大部分是在大豆生长期间发生的，特别是黄淮海的夏大豆、北方的春大豆，大豆生长期的降水量占全年的 60%以上，且降水不均衡，时多时少，时旱时涝，这不利于大豆的良好生长。因此，各种类型的大豆产区，都要搞好田间排灌工程，防旱防涝，利灌利排。完成大豆播种作业后，要立即清理厢沟、腰沟、围沟，以防突降暴雨时水漫地造成土壤板结。土质较黏重的田块在雨过天晴之后，轻松表土以助出苗。在清理"三沟"时，要注意腰沟深于厢沟，围沟深于腰沟。

（二）查苗补苗

大豆出苗后，及时查看田间缺垄、断垄情况，刚出苗可以补籽，没有种子时可以进行幼苗移栽。

1. 借苗

借苗可以充分发挥植株的自动调节能力。一方面，拔除病苗、弱苗等，减少病害苗带来的潜在危害；另一方面，在遇到缺苗、断条时，通过借苗来保证种植密度，增加产量。大豆的生长发育具有很强的自动调节能力，在大豆群体中，因种种原因造成缺苗、断条时，在缺苗的地段，大豆单株生长相对繁茂些，可补偿缺苗处的生长量。但如果缺苗较多，超出了大豆的自我补偿能力，则会造成减产。在间苗时，如果遇到断空的地方，可在断空的一端或两端借苗，补种 1~2 株苗，以增加大豆群体的补偿能力，保证群体能形成高额的生物产量和经济产量。

2. 补苗

在大豆生产中，由于播种质量差、苗期病虫为害严重或自然条件恶劣，有时会出现较严重的缺苗、断条现象，此时应先弄清原因，然后根据不同情况及时补苗。

墒情较好但播种较浅，豆种尚未吸水膨胀，可以将豆种重新埋入湿土。播种深度合适但墒情较差，有灌溉条件的地方可以喷灌 1 遍。喷灌后表层容易板结，3 天后如果不下雨应该再喷 1 次，可以保证正常出苗。如果缺苗比例很小，可以人工灌溉。

播种机下籽不均匀造成缺苗时，如果墒情好，应该及时人工点播补籽。由地老虎等地下害虫造成的缺苗，应该先用敌百虫拌麸皮治虫，同时及时补籽。

如果墒情不好，豆苗又长到 2 片真叶以上，可以移苗补苗，移苗应该选择在下午 4 时以后。一般做法：在播种时适当在边垄和地头多播一些种，或在垄沟中播一些种，长成的幼苗用来补苗。如果没有准备足够的幼苗作为补苗，可以采取补播的办法，补播头一天傍晚用水浸种，补播时宜适当增加播种密度。若补播早，可以用同一品种，否则必须用生育期较短的品种。值得注意的是，补苗时应带土移苗，移栽深度应与幼苗移栽前生长的深度相一致。补苗后或补播后都应及时灌溉，以增加成活率。

(三) 间苗定苗

大豆高产栽培，不仅要合理密植，而且植株长势要均匀，整齐度要高，因此间苗是十分重要的栽培技术环节，特别是没有采用精量点播的地区，间苗的增产作用是不能忽视的。

1. 间苗

间苗应在大豆齐苗后，于 2 片对生真叶展开到第一片复叶全部展开前进行。间苗时，要按规定株距留苗，拔除弱苗、病苗、杂苗和小苗，并结合第一次中耕，进行松土培根。间苗只是拔去丛生苗，留苗数量还要多于计划苗数，防止幼苗期虫害或人工操作损苗后达不到计划苗数。

2. 定苗

第一片复叶展开，幼苗生长进入稳定生长期，这时候可以按计划留苗数和株行距定苗。定苗密度要考虑品种和土壤肥力：上中等肥力地、植株高大的中晚熟品种，每亩留苗 1 万~1.2 万株；中等肥力地每亩留苗 1.25 万~1.35 万株；旱薄地、早熟品种，每亩留苗 1.4 万~1.6 万株。定苗时在基本保持苗匀的前提下，去除小苗、弱苗，使总苗数与计划密度一致。

（四）中耕松土

中耕的作用，一是可疏松表土层，有利于根系和根瘤的生命活动，促进根系生长和根瘤形成及共生固氮；二是防除杂草，杂草同大豆幼苗争夺土壤养分、水分，若杂草旺盛生长还会荫蔽大豆植株，妨碍大豆叶获取阳光，降低光合作用，所以大豆田块一定要防除杂草，尽量减轻杂草的为害，中耕松土是防除杂草的主要措施；三是有利于吸纳雨水，减少雨水以地面径流的形式流失。

大豆地中耕 2~3 次，第一次中耕宜早，第一片复叶长出时即可进行第一次中耕，以后每隔 10~15 天再进行第二次、第三次。第二次中耕深度应比第一次深，第三次又比第二次深，逐次加深中耕深度会促进大豆根系向深层伸展，增加根系营养吸收面积，增加结瘤和共生固氮。第二次、第三次中耕依次在分枝期、初花期进行。

（五）化学除草

大豆播种后出苗前 3~4 天，每亩用 50% 乙草胺乳油 100~

150毫升，兑水30~40千克进行土壤封闭；若大豆已经出苗，来不及土壤封闭，可亩用10%喹禾灵乳油60~75毫升、15%精吡氟禾草灵乳油60~75毫升或125克/升高效氟吡甲禾灵乳油60~75毫升，兑水40~50千克进行茎叶处理；如果单、双子叶杂草混生，每亩可选择上述药剂之一与40%氟醚·灭草松水剂80~100毫升或25%氟磺胺草醚水剂80~100毫升，兑水40~50千克喷雾。

（六）追肥

在大豆播种时若未施种肥，则应视土壤肥力状况施苗肥。土壤肥沃能满足大豆幼苗期的养分需求，可以不施苗肥；如果土壤肥力较低，速效养分供应能力较弱，播种时又未施种肥，则应施用少量氮肥和磷肥，满足大豆苗期生长的需要，并促进根系发育和结瘤固氮。苗期追肥可以是充分腐熟的粪肥或矿质磷肥和氮肥，施用量前者每亩500~1 000千克，后者每亩施五氧化二磷4~8千克、纯氮3~4千克。施肥结合中耕松土进行。

（七）病虫害防治

幼苗期主要有叶斑病、蚜虫、蛴螬、地老虎等病虫害。每亩用50%多菌灵可湿性粉剂100克，兑水50千克后喷雾，可防治大豆叶斑病。每亩用3%辛硫磷颗粒剂1千克，与40~50千克的土混拌，撒在田间，可防治蛴螬、地老虎等。

第二节　大豆分枝期管理

一、大豆分枝期的生长特点

大豆出苗后25~35天开始花芽分化，复叶出现2~3片之后，主茎基部的第一、第二节首先有枝芽分化，条件适宜就形成分枝，上部腋芽成为花芽。分枝期，植株生长快，叶片数迅速增加，植株高度可达成株的1/2，主茎变粗，分枝形成，根系继续扩大。营养生长越来越旺盛，同时大量花器不断分化和形成，所以在这个时期要注意协调营养生长和生殖生长，达到营养生长壮而不旺，花芽分化多，植株健壮不矮小。

二、大豆分枝期的管理目标

大豆分枝期是确定分枝和每个分枝的每个节间开花结荚数的关键时期，也是奠定大豆高产的基础时期。此时期植株的营养生长转旺，根系生长速度仍明显比地上部的茎叶快，花芽进入分化期，根瘤菌的固氮能力增强，是营养生长的重要时期。通过管理应达到植株健壮生长、花芽良好分化、叶片面积加大、土壤疏松的目标。

三、大豆分枝期的管理措施

（一）中耕培土

深度在10厘米左右，有利于促进根系发育，增强植株的抗倒伏能力。

（二）灌溉施肥

在遇到连续20天以上不降雨，田间出现比较严重的干旱时，应及时灌溉。在植株的叶片发黄、卷曲、短小时，要及时追肥，每亩追施复合肥20千克。

（三）病虫害防治

此阶段主要有叶斑病、根潜蝇、蚜虫等病虫害，每亩可用20%虫酰肼悬浮剂40毫升，兑水30千克进行喷雾防治。

第三节　大豆开花结荚期管理

一、大豆开花结荚期的生长特点

一般大豆品种从花芽开始分化到开花需要 25~30 天。大豆开花日数（从第一朵花开放开始到最后一朵花开放终了的日数）因品种和气候条件而有很大变化，范围一般为 18~40 天，有的可达 70 天左右。有限开花结荚习性的品种，花期短；无限开花结荚习性的品种，花期长。温度对开花也有很大影响，大豆开花的适宜温度为 25~28℃，29℃以上时开花受到限制。空气湿度过大、过小均不利于开花。土壤湿度小，供水不足，开花受到抑制。当土壤湿度达到田间待水量的70%~80%时开花较多。大豆从开始开花到豆荚出现是大豆植株生长最旺盛的时期。这个时期大豆干物质积累达到高峰，有机养分在供茎叶生长的同时，又要供给花荚需要。因此需要土壤水分充足、光照条件好，才能保证养分的正常运输，促进花芽分化多、花多、成荚多，减少花荚脱落，这是保障大豆高产的最重要因素。

二、大豆开花结荚期的管理目标

大豆开花结荚期是营养生长与生殖生长并进的时期，植株的生长旺盛，单株荚数主要在此时期形成，是决定产量的关键期。此时期应做好促进植株根深叶茂，增加花数和荚数，防止植株徒长和倒伏等管理。

三、大豆开花结荚期的管理措施

(一) 中耕除草

中耕可疏松土壤、清除杂草，有利于大豆根系的继续生长和新老根系的更替，可增强根系对土壤养分、水分的吸收能力；同时可减少株行间的水分蒸发，增强土壤吸纳降雨的能力。中耕清除杂草，可以避免或减轻杂草对土壤水分、养分的争夺，减少株行荫蔽，提高光合作用效率。这个时期中耕除草宜在大豆封行前进行，要避免封行后的中耕措施导致伤花、伤荚。此时期中耕不宜过深。

(二) 巧施花荚肥

开花结荚期是大豆吸肥最多的时期，仅靠原来施入的基肥和种肥，往往不能满足要求，巧施花荚肥具有明显的增产效果。因此，应根据前期施肥情况和豆苗长势施肥，以满足开花结荚期及其以后的养分需求。一般在大豆初花期，每亩用稀人粪尿500千克，加尿素 2.5~5.0 千克混合穴施（土壤较肥沃、植株生长茂盛的应少追或不追肥，以防疯长倒伏）。配合追施氮肥，叶面喷施磷、钾肥和硼、钼等微肥，有更好的增产效果。一般喷 2次，每次每亩用磷酸二氢钾 100 克、钼酸铵 25 克、硼砂 100 克（先用少量温水溶解），兑水 50 千克，均匀喷洒于植株的茎叶上。

(三) 及时灌溉

大豆开花结荚期需水量大，且对水分特别敏感，遇干旱易造成大量落花、落荚。因此，如发现植株早晨叶片坚挺，中午叶片有萎蔫表现就应及时灌溉，灌溉应在傍晚进行。以小水沟灌至土壤湿润即可，切忌大水漫灌，否则易使根系窒息腐烂，退水后土壤板结、龟裂而损伤根系，或导致植株倒伏。有条件的地方最好采用喷灌，每次灌溉量为 30~40 毫米。

（四）排涝降渍

大豆植株的耐涝渍性能比较差，开花结荚期雨水过多，会引起叶片落黄、花荚大量脱落。因此，大雨后应注意及时排涝降渍。

（五）应用植物生长调节剂

开花结荚期如高温、多雨，若土壤肥力较高，管理措施却未能跟上，很容易造成徒长。对这类豆田，应在初花期喷多效唑，抑制生长，促进发育。多效唑的最佳使用期为大豆始花期后7天，适宜浓度为100~200毫克/千克（无限结荚习性品种浓度可稍高），每亩使用量为15%多效唑可湿性粉剂50~100克，兑水75千克，均匀喷于叶片的正反面。另外，在初花期和盛花期各喷1次亚硫酸氢钠，每次每亩10克，兑水75千克，选择在下午阳光不太强烈时喷叶。

（六）及时防治病虫害

大豆开花结荚期易发生豆荚螟、食心虫及花叶病等病虫害，每亩可用20%氯虫苯甲酰胺悬浮剂5~10毫升或1.8%阿维菌素乳油5~10毫升，兑水30~40千克喷雾防治。

第四节　大豆鼓粒成熟期管理

一、大豆鼓粒成熟期的生长特点

大豆鼓粒期种子重量每天可增加6~7毫克。种子中的粗脂肪、蛋白质及糖类随种子增重不断增加。鼓粒开始时种子中的水分可达90%，随着干物质不断增加，水分很快下降。干物质积累达到最大值以后，种子中水分降到20%以下，种子接近成熟状态，粒型变圆。鼓粒到成熟阶段是大豆产量形成的重要时期，这个时期发育是否正常，影响到荚粒数的多少和百粒重的高低。大豆籽粒正常发育的保证主要来源于两个方面：一是靠植株本身贮藏物质丰富及运输正常，叶片光合产物的供给；二是靠充足的水分供给。这是促使籽粒发育良好、提高产量的重要条件。

二、大豆鼓粒成熟期的管理目标

大豆鼓粒成熟期营养生长已经停止，而生殖生长正旺，根茎生长变弱，根瘤固氮能力降低，其效能向豆荚和豆粒集中，是决定豆粒数量、重量的重要时期。做好此时期的管理，可实现保根、促叶，增加豆荚及豆粒数量，提高千粒重的目标。

三、大豆鼓粒成熟期的管理措施

（一）遇旱灌溉

大豆鼓粒期是需水的旺盛期，此时期正值秋旱，如果遇到旱情，应及时灌溉，提供充足水分促进籽粒灌浆。但在遇到因多雨而田间出现涝情时，应及时排水除涝。

（二）追肥

此时期如果植株的叶片发黄萎蔫，在灌溉的同时应进行适量追肥。每亩追施尿素5千克或喷洒3%磷酸二氢钾1~2次。可继续促进叶片生长，防止叶片早衰，使其继续发挥功能，促进粒重增加。

（三）病虫害防治

此时期主要有食心虫和豆荚螟等害虫。每亩可用50%杀螟硫磷乳油1 000倍液喷雾防治，既可起到防治病虫害的作用，又能促进大豆早熟，提高大豆产量。

第五章　大豆水肥管理技术

第一节　大豆水分管理

一、大豆灌溉的原则

根据大豆整个生育过程的需水特点，结合苗情、墒情、天气等具体情况，采取相应措施进行合理灌溉，才能收到良好灌溉效果。

（一）根据生育时期灌溉

不同生育时期需水不同，苗期需水较少，应适当干旱，不灌溉或少灌溉。开花、结荚、鼓粒期需水较多，干旱对产量影响较大，遇旱时应及时灌溉。

（二）根据大豆长势灌溉

大豆植株生长状态是判断需水的重要标志。大豆植株生长缓慢，叶片老绿，中午有萎蔫现象，即为大豆缺水表现，应及时灌溉。据测定，当大豆植株体内含水量在69%~75%时，为正常生育状态；当含水量降低到65%~67%时，呈萎蔫状态；当含水量降低到59%~64%时，植株凋萎，开花数减少，落花明显增加。

（三）根据土壤墒情灌溉

土壤含水量是判断灌溉需求的可靠依据。在一般土壤条件下，大豆各生育阶段土壤含水量分别为幼苗期20%左右、分枝期

23%左右、开花结荚期30%左右、鼓粒期25%~30%。当土壤含水量低于适宜含水量时，大豆就有受害的可能，应进行灌溉。

（四）根据天气情况灌溉

根据天气情况和天气预报确定灌溉，久晴无雨速灌溉，将要下雨不灌溉，晴雨不定旱灌溉。气温高，空气湿度低，蒸发量大，土壤水分不足，应及时灌溉，即使土壤水分勉强够用但空气干燥，也应适时灌溉。

（五）根据土壤质地和地势灌溉

土壤质地、地势不同，灌溉次数、灌溉量也应有所区别。砂质土蓄水保肥差，大豆易受干旱影响，应轻灌、勤灌。黏重土壤，蓄水力较强，水分容易蒸发，灌溉量要适当大些。土壤结构良好，有机质含量高，保水力强，灌溉次数和灌溉量不可过多。

二、大豆灌溉的方法

大豆田灌溉方式由种植方式、田间灌排设施及气候条件等决定。无论采用何种方式，都应力求做到大豆田受水均匀、地表水不流失、深层水不渗漏、土壤不板结。主要方式有沟灌、畦灌、喷灌和滴灌。

（一）沟灌

沟灌是目前应用较多的一种灌溉方式，垄作地区普遍采用沟灌。它受地形限制小，水从垄沟渗进土壤，不接触垄上表土，可防止板结，有利于改善群体内的水、气、热等生态环境。沟灌又可以分为逐沟灌、隔沟灌、轮沟灌和细流沟灌等。采用隔沟灌溉，可节约用水，提高灌溉速度。干旱严重地块，应逐沟灌溉。为灌溉均匀，避免土壤冲刷，沟灌时一般采用分段进行，分段距离根据地势而定，10°以下坡地，每段以50~60米为宜。

（二）畦灌

畦灌适宜于地面平整、畦面长宽适宜的田块，在南方，夏大豆、秋大豆区常用畦灌。畦灌具有灌溉快，省水，灌溉量易控制，不会造成土壤冲刷、肥料流失等优点。但受地形影响大，土地不平时，灌溉不均匀，水从表土渗入，易造成土壤板结。因此，畦灌水流不宜过急，应逐渐漫灌。畦灌易造成土壤板结，故畦灌过后待土壤水分降到田间持水量的85%以后，应进行浅中耕松土，破除板结，保蓄水分。

（三）喷灌

利用喷灌机械将水喷洒到地面的灌溉方法为喷灌，它可提高灌溉效率。喷灌不受地形限制，减少沟渠设施，可充分利用土地，灵活掌握用水量，节约用水，对土壤温度影响小，土壤不产生裂缝，不会造成土壤板结，还可以结合灌溉喷施叶面肥或农药，促使大豆植株生长发育好、生理活性强、干物质积累多、增花增荚、粒多粒重。虽然前期一次性投资较大，但可以节省水资源，提高劳动效率。不过，土壤干旱严重时，喷灌对迅速解决干旱的效果低于沟灌和畦灌。

（四）滴灌

利用埋入土中的低压管道和铺设于行间的滴灌带把水或溶有某些肥料的溶液，经过滴头以点滴方式缓慢而均匀地滴在作物根际土壤中，使根际土壤保持潮湿，目前这种方式多用于果树、蔬菜，而在新疆大豆、棉花等作物上也有大面积应用，收到良好效果。滴灌不同于喷水或沟渠流水，它只让水慢慢滴出，并在重力和毛细管的作用下进入土壤。滴灌能根据作物需要和降水情况，调控土壤湿度，既有利于作物良好生长，获得高产，又能节省水资源，今后将会较快发展。缺点是造价较高，溶液中的杂质、矿物质沉淀会使毛管滴头堵塞，滴灌的均匀度也不易保证。

三、大豆防渍

田间渍水是大豆生产中常见的灾害现象，容易胁迫抑制大豆植株生长，扰乱大豆正常生理功能，使大豆产量和品质受到严重影响，造成株高降低，叶面积指数减小，根系发育受阻，根干重和根体积降低。叶色值和净光合速率降低，渗透调节物质和保护酶活性均会发生变化。

（一）苗期

大豆播种后，要及时开好田间排水沟，使沟渠相通，保证降水时畦面无积水，防止烂种。如果抗旱灌水时，切忌大水漫灌，以免影响幼苗生长。如果雨水较大，田间出现大量积水时，要及时疏通沟渠排除积水，避免产生渍害，影响玉米、大豆生长。

（二）开花期

大豆虽然抗涝，但水分过多也会造成植株生长不良，造成落花、落荚，甚至倒伏。如果开花期降水量大，土壤湿度超过田间持水量的80%时，大豆植株的生长发育同样会受到影响。如遇暴雨或连续阴雨造成渍水时，低洼地块要注意排水防涝，应及时排除田间积水，以降低土壤和空气湿度，促进植株正常生长。

（三）结荚鼓粒期

结荚鼓粒期，进入生殖生长旺盛时期，对水分需求量较大。如遇连续干旱，要及时浇水，并且小水浇灌，田间无明显积水。如遇暴雨天气，土壤积水量过多，会引起后期贪青晚熟，倒伏秕粒。因此，要及时排除田间积水，有条件的可在玉米行和大豆行间进行中耕，以除涝散墒。

第二节　大豆施肥管理

一、大豆需肥特点

（一）大豆生长所需的营养元素

营养元素是大豆生长发育和产量形成的物质基础。据测算，大豆对各种营养元素的需要量如下：150千克大豆需氮素10千克、五氧化二磷2千克、氧化钾4千克。大豆需肥量比禾谷类作物多，尤其是需氮量较多，大约是玉米的2倍，是水稻、小麦的1.5~2.0倍。此外，大豆还要吸收少量钙、镁、铁、硫、锰、锌、铜、硼、钼等中微量元素。大豆对这些元素的吸收量虽然不多，但它们也不可缺少、不能替代。大豆植株对营养元素的吸收和积累也不同于禾谷类作物。禾谷类作物到开花期，对氮、磷的吸收已近结束；而大豆到开花期吸收氮、磷、钾的量只占总量的1/4~1/3。大豆进入现蕾开花后的生殖生长期，叶片和茎秆中氮含量不但不下降反而上升。大豆开花结荚期养分的积累速度最快，干物质积累量占全量的2/3~3/4。

1. 大豆对氮的吸收

大豆除了吸收利用根瘤菌固定的生物氮外，还需从土壤中吸收铵态氮和硝态氮等无机氮。生物氮与无机氮对大豆生长所起的作用不同，难以相互替代。生物氮促进大豆均衡的营养生长和生殖生长，无机氮则以促进营养生长为主。因此，必须根据大豆各生育时期对氮的吸收特点及固氮性能，合理施用无机氮肥。生育早期，大豆幼苗对土壤中的氮素吸收较少，根瘤菌固氮量低。开花期，大豆对氮的吸收达到高峰，且由开花到结荚鼓粒期，根瘤菌固氮量亦达到高峰，因此，该时期所需大量氮素主要由生物氮提供。以后，根瘤菌固氮能力逐渐下降。种子发育期，大量氮素不断从植株的其他部分积累到种子内，需吸收大量氮素，而此时，根瘤菌固氮能力已衰退，就需从土壤中吸收氮素，也可以叶面施氮予以补充。

2. 大豆对磷的吸收

大豆各生育时期对磷的吸收量不同。从出苗期到初花期，吸收量占总吸收量的15%左右；开花期至结荚期吸收量占65%；结荚期至鼓粒期吸收量占 20% 左右；鼓粒期至成熟期对磷吸收很少。大豆在生育前期吸磷不多，但对磷素敏感。此时期缺磷，营养生长受到抑制，植株矮化，并延迟生殖生长，开花期花量减少，即使后期得到补给，也很难恢复，直接影响产量。磷对大豆根瘤菌的共生固氮作用十分重要，施氮配合施磷能达到以磷促氮的效果。供以磷肥，可促进根系生长，增加根瘤，增强固氮能力，协调施氮促进苗期生长与抑制根瘤生长间的矛盾。不仅在幼苗期施磷有以磷促氮的作用，在花期，磷、氮配合施用也可以磷来促进根瘤菌固氮，增加花量。既能促进营养生长，又利于生殖生长，以磷的增花、氮的增粒来共同达到加速花、荚、粒的协调发育。施用磷肥时应注意考虑下列 3 个方面：一是保证苗期磷素供应，尽量用作基肥或种肥；二是开花期到结荚期磷吸收量大增，可适量追施；三是施磷与施氮配合，根据土壤中氮、磷原有状况，一般采用氮磷比为 1∶2、1∶2.5 和 1∶3 等配比。

3. 大豆对钾、钙的吸收

大豆植株含钾量很高。大豆对钾的吸收主要在幼苗期至开花结荚期，生长后期植株茎叶的钾则迅速向荚、粒中转移。钾在大豆的幼苗期可加速营养生长。苗期，大豆吸钾量多于氮、磷量；开花结荚期吸钾速度加快，结荚后期达到顶峰；鼓粒期吸钾速度降低。钙在大豆植株中含量较多，是常量元素和灰分元素。钙主要存在于老龄叶片之中。但是过多的钙会影响钾和镁的吸收比例。在酸性土壤中，钙可调节土壤酸碱度，以利于大豆生长和根瘤菌的繁殖。

4. 大豆对微量元素的吸收

大豆的微量元素主要有钼、硼、锌、锰、铁、铜等。这些元素在植株体内含量虽少，但当缺乏某种微量元素时，生长发育就会受抑制，导致减产和品质下降，严重的甚至无收。因此，只有合理施用微量元素才能达到提高产量、改善品质的目的。大豆对钼的需要量是其他作物的 100 倍。钼是大豆根瘤菌固氮酶不可缺少的元素。施钼能促进大豆种子萌发，提前开花、结荚和成熟，提高产量构成因素（荚数、荚粒数、粒重）和品质，一般可增产 5%~10%。

（二）大豆缺素症状

大豆在生育期中如果某一营养元素缺乏，即会出现不正常的形态和颜色。可以根据大豆的缺素症状，判断哪种营养元素缺乏后积极加以补救。

1. 缺氮症状

先是真叶发黄，严重时从下向上黄化，直至顶部新叶。在复叶上沿叶脉有平行的连续或不连续铁色斑块，褪绿从叶尖向基部扩展，乃至全叶呈浅黄色，叶脉也失绿。叶小而薄，易脱落，茎细长。

2. 缺磷症状

根瘤少，茎细长，植株下部叶色深绿，叶厚，凹凸不平，狭长。缺磷严重时，大豆表现为叶脉黄褐色，后全叶呈黄色。

3. 缺钾症状

叶片黄化，症状从下位叶向上位叶发展。叶缘开始产生失绿斑点，扩大成块，斑块相连，向叶中心蔓延，后仅叶脉周围呈绿色。黄化叶难以恢复，叶薄，易脱落。缺钾严重的植株只能发育至荚期。根短、根瘤少。植株瘦弱。

4. 缺钙症状

叶黄化并有棕色小点。先从叶中部和叶尖开始，叶缘、叶脉仍为绿色。叶缘下垂、扭曲，叶小、狭长，叶端呈尖钩状。缺钙严重时顶芽枯死，上部叶腋中长出新叶，不久也变黄。延迟成熟。

5. 缺镁症状

在三叶期即可显症，多发生在植株下部。叶小，叶有灰条斑，斑块外围色深。有的病叶反张、上卷，有时皱叶部位同时出现橙色、绿色相嵌斑或网状叶脉分割的橘红斑；个别中部叶脉红褐色，成熟时变黑色。叶缘、叶脉平整光滑。

6. 缺硫症状

叶脉、叶肉均生米黄色大斑块，染病叶易脱落，迟熟。

7. 缺铁症状

叶柄、茎黄色，比缺铜时的黄色要深。一般在植株顶部功能叶中出现，分枝上的嫩叶也易发病。一般仅见主、支脉，叶尖为浅绿色。

8. 缺硼症状

4 片复叶后开始发病，花期进入盛发期。新叶失绿，叶肉出现浓淡相间斑块，上位叶较下位叶色淡，叶小、厚、脆。缺硼严重时，顶部新叶皱缩或扭曲，上、下反张，个别呈筒状，有时叶背局部红褐色。蕾期发育受阻停滞，迟熟。主根短、根颈部膨大，根瘤小而少。

9. 缺锰症状

上位叶失绿，叶两侧生橘红色斑，斑中有 1~3 个针孔大小的暗红色点，后沿脉呈均匀分布、大小一致的褐点，形如蝌蚪状。后期，新叶叶脉两侧着生针孔大小的黑点，新叶卷成荷花状，全叶色黄，黑点消失，叶脱落。严重时顶芽枯死，迟熟。

10. 缺铜症状

植株上部复叶的叶脉绿色，余浅黄色，有时生较大的白斑。新叶小、丛生。缺铜严重时，在叶两侧、叶尖等处有不成片或成片的黄斑，斑块部位易卷曲呈筒状，植株矮小，严重时不能结实。

11. 缺锌症状

下位叶有失绿特征或有枯斑，叶狭长，扭曲，叶色较浅。植株纤细，迟熟。

12. 缺钼症状

上位叶色浅，主、支脉色更浅。支脉间出现连片的黄斑，叶尖易失绿，后黄斑颜色加深至浅棕色。有的叶片凹凸不平且扭曲。有的主叶脉中央现白色线状。

二、大豆常规施肥及注意事项

（一）大豆追肥

大豆的需肥规律表明，大豆从分枝期到始花期是营养生长和生殖生长并进时期，也是大豆植株需要大量营养的时期。在高产栽培条件下，仅靠原来的土壤肥力和已施用的基肥和种肥，往往不能满足要求。实践证明，在大豆的分枝期到初花期进行一次追肥，有明显的增产效果。特别是土壤肥力低、大豆前期长势瘦弱、封不上垄的地块，根部追肥效果更显著。但在土壤比较肥沃或施基肥、种肥较多的情况下，大豆植株生育健壮、比较繁茂时，就不宜进行根部追肥，更不宜追施氮肥，否则，将造成徒长倒伏而减产。

1. 追肥种类

大豆追肥以硫酸铵、碳酸氢铵、尿素等氮肥为主，同时配合磷、钾肥。

2. 追肥方法

（1）苗期追肥　春大豆幼苗期以根系发育为主，在施用基肥和种肥后，一般不必追施苗肥。但若豆田地力贫瘠，未施基肥和种肥，幼苗叶片小，叶色淡而无光，生长细弱，每亩可追施过磷酸钙 10~15 千克、硫酸铵 10 千克左右，对促进幼苗生长健壮和花芽分化有良好的作用。若地力中等，播前未施肥料，幼苗生长偏弱，也可酌情隔行轻施肥。若地力肥沃，幼苗健壮，苗期不可追肥，以免引起徒长，导致减产。

（2）花期追肥 花期追肥是大豆生产中的一个重要环节。追肥时间以始花期或分枝期效果较好。这个时期的养分供给直接影响分枝与花芽的分化，所以植株瘦弱地块要适量追施适宜的化肥以保证大豆的分枝数和花数。追肥数量一般每亩追施硫酸铵5~10千克或尿素2.5~5.0千克，磷酸二铵5.0~7.5千克或过磷酸钙7.5~10千克。这次追肥一般结合中耕除草，即除草后在垄侧开沟（距大豆植株5~10厘米）将肥料施入，然后中耕培土，将肥料盖上。追肥不宜乱撒乱扬，否则既浪费肥料，又容易烧伤豆叶。

（3）叶面施肥 大豆在盛花期前后也可采用叶面喷施的方法追肥。这个时期是大豆植株生理活动旺盛时期，需要大量的营养元素，以满足花荚营养需要。如只喷施一次叶肥，以在初花期至盛花期为宜；喷施2次，则第一次在初花期，第二次在大豆终花期至初荚期。

叶面追肥可用尿素、钼酸铵、磷酸二氢钾、硼砂的水溶液或过磷酸钙浸出液。一般每亩用尿素500~1 000克、钼酸铵10克、磷酸二氢钾75~150克、硼砂100克，喷施浓度为尿素1%~2%，钼酸铵、硼砂0.05%~1%，磷酸二氢钾0.1%~0.2%，过磷酸钙0.3%~0.6%。根据具体需要选择肥料单施或混施。叶面追施应于无风晴天的下午3—6时进行，既要避免喷后太阳暴晒导致叶面溶液水分快速蒸发，又要避免喷后遇雨淋洗损失。喷肥可以是人工或采用机引喷雾作业，大规模生产的大豆田可以采用无人机喷洒作业。

（二）大豆喷施叶面肥的方法

大豆叶面喷肥，具有用量少、见效快、肥效高、效果好等优势，近年来已得到广泛的推广与运用。但由于部分农户错误地认为，叶面喷肥"有益无害、多多益善"，因而在实际运用中存在随意选择肥料种类、随意加大肥料用量、随意确定喷肥时间、随意增加喷肥次数等问题，不仅影响叶面喷肥的效果，有时甚至对植物造成不同程度的伤害。对大豆实施叶面喷肥，要注意以下7点。

1. 肥料种类

不少农户认为，无论什么肥料，只要"化得开"，都可以用作叶面肥喷施，其实不然。例如，有些挥发性很强的肥料（如氨水、碳酸氢铵），喷施后遇高温会对作物造成伤害，就不能作为叶面肥使用。此外，还需要看苗用肥。若植株生长缓慢、瘦弱、矮小、叶色发黄，属于缺氮。叶面喷肥应以氮为主，搭配少量磷、钾肥；反之，若植株叶大、嫩绿、节间长、氮素营养充足，叶面喷肥就应改为以磷、钾肥为主，不能一成不变。

2. 肥液浓度

有的农户认为，肥液浓度大一点，喷肥效果要好一些。但是，不同作物在不同时期对不同肥料的耐受能力有很大差别。肥液浓度过高，常常会造成肥害"烧叶"，尤其是温度较高时对植物叶面喷肥，在适宜浓度范围内，原则上应把握"就低不就高"。另外，在植物苗期，叶片组织幼嫩，喷肥的浓度要适当低一些；中、后期喷施的浓度可适当高一些；农作物生长正常时，浓度应低一些，出现脱肥缺素症状时，浓度要适当高一些；喷施微量元素肥料浓度宜低一些，喷施常量元素肥料浓度可适当高一些。不同叶面肥，喷施浓度一般为：过磷酸钙 1%～5%、磷酸二氢钾 0.2%～0.5%、硼酸 0.1%～0.5%、钼酸铵 0.02%～0.05%、硫酸锌 0.05%～0.2%。

3. 喷肥时间

有的农户认为，在大豆生长发育的任何时期、任何时间都可以实施叶面喷肥，其实不然。从喷肥时期上讲，一般应当在生长发育中、后期叶面积较大时喷肥，效果最好。在植物叶面积较小时喷肥，不仅肥液浪费多，而且效果也不太理想。钼肥宜在大豆开花前喷施，硼肥和锌肥则在大豆初花期喷施效果最好。从喷肥时间上讲，应在无风的阴天或晴天上午叶面露水干后，避开烈日高温时段早晚喷施。若喷肥时叶片上有水珠或露珠，会降低肥液浓度，达不到施肥效果。若在烈日高温时喷肥，空气湿度小，不仅肥液挥发浪费多，而且肥液喷施后很快变干，叶片难以吸收，会使肥料利用率降低，有时还会因叶片上的肥液水分蒸发过快、浓度迅速增高造成"烧叶"。

4. 喷施次数

不少农户认为，叶面喷肥的次数越多越好。事实上，一般喷施 2～3 次，且每次喷施一般应间隔 7～10 天。对微量元素肥料，喷施次数不可过多，浓度不可过大，否则不仅起不到增产效果，反而会造成微量元素中毒。

除考虑以上因素外，还应注意 3 点：一是叶面肥量虽少，但必须充分溶解并搅匀才能喷施；二是植物叶背面角质少、气孔多，便于吸收，因此叶面喷肥应以叶背为主、叶面为辅；三是有的叶面肥可以与其他肥料或农药混用，但也有许多不能随意混用，否则会影响肥效与药效，有时还会对植物造成伤害。

5. 大豆施氮肥与根瘤菌固氮

大豆是需要氮素较多的作物，虽然其根部共生的根瘤菌能够固定空气中的氮气供大豆吸收利用，但光靠根瘤固定的氮素，满足不了大豆整个生育期的需要。试验表明，大豆根瘤的固氮量只能提供大豆本身需要的 1/2~2/3，其余氮素必须依靠土壤和施肥来补充。

瘦地和底肥不足的田块，大豆出苗后，种子中含氮物质已基本消耗完，而这时根瘤尚未形成，或者固氮能力还弱，因此，苗期常出现缺氮现象。播种时用少量氮肥作为种肥，对幼苗有促进根、叶生长的作用。肥力高、基肥足的田块可不施种肥。中等肥力田块可将氮肥作基肥与其他肥料一同施用，以满足大豆苗期需氮，施肥量一般每公顷施碳酸氢铵 150~250 千克或尿素 60~75 千克。施用供苗期吸收的氮肥，一定要控制数量，因为基肥或种肥中施氮过多，会抑制根瘤菌的繁殖和固氮能力。施用种肥应严格做到种子与化肥隔离，以防"烧种烧根"。

大豆开花以后吸氮量达到高峰，到鼓粒期固氮菌的固氮能力已经减弱，可能会出现缺氮现象。因此，在一般肥力条件下，初花期追施氮肥也有良好效果，尤其是在瘦地效果更为显著，施用量一般每公顷施用碳酸氢铵 150 千克或尿素 60 千克。此外，也可在大豆结荚鼓粒期，用 1%~2% 的尿素溶液对缺氮田块进行叶面喷施，效果亦佳。

6. 造成大豆"疯长""紫苗"的原因

引起大豆"疯长"的原因，一是氮肥施用过量，而磷肥供应不足，造成徒长、枝叶茂盛、贪青晚熟、荚而不实的现象；二是土壤肥力充足，植株生长繁茂，植株高大，分枝多，如果密度过大，则封垄过早，郁闭严重，株间通风透光不良，引起徒长倒伏、花荚脱落，最后导致减产；三是连续的高温多雨等气候条件，也容易引起大豆"疯长"。

大豆在苗期磷素供应缺乏时，易产生"紫苗"现象。缺磷的大豆植株瘦小，叶色深绿，叶片狭而尖，向上直立，开花后叶片有棕色斑点，严重缺磷时，茎及叶片变暗红色，根瘤发育受影响，这就是所说的大豆"紫苗"症。大豆缺磷症状，多在苗期发生，叶片成片发紫，但无霉层。另外，有的大豆发紫是紫斑病造成的，大豆紫斑病以豆粒和豆荚受害为主，也能侵染茎秆和叶片，茎秆上的病斑初为梭形、红褐色，以后病斑沿中脉或侧脉两侧发生，褐色或暗褐色，多角形或不规则形，在气候潮湿条件下，病斑两面密生灰黑色霉菌，即病菌的分生孢子梗及分生孢子。大豆紫斑病主要在鼓粒期以后发生，并以粒、荚部为害为主，叶片表现为有一块一块的紫斑，感病部分有霉层出现。

7. 大豆富硒技术

硒是人体必需的微量元素，具有提高免疫功能、抗癌、防癌、防治心血管疾病等作用，而黑龙江土壤严重缺硒，因此富硒技术对提高大豆产量和增加产品的附加值具有重要作用，可帮助农民增加收益。

根据大豆植株结构、生长阶段与大豆籽粒形成过程，在大豆初花期进行富硒最为理想，一般在每年的7月至8月初，喷施过程中要选择早晚时间段喷施，防止天热造成蒸发过快，注意配施时避开下雨、风天，以免影响富硒叶面肥的使用效果；溶液要与叶面直接接触，以叶面湿润为限，人工喷施过程中建议从侧面向上喷施。硒虽然好，但也要注意不宜多施，硒过量也会对人体造成危害，大豆籽粒硒含量的地方标准为30~280微克/千克。

(三) 大豆施肥注意事项

在田间栽培条件下，影响大豆施肥与产量关系的条件很多，主要有品种株型类型、栽培密度、水分供应状况、土壤肥力、施肥时间、肥料种类等。如果施肥时不综合考虑这些条件的影响，将会导致施肥不增产，或者造成倒伏减产。因此，大豆施肥必须注意以下6个问题。

1. 大豆施肥量不能过多

若基肥施用过量，会严重影响出苗生根。种肥对大豆的胚根和胚轴会造成严重伤害，甚至致使有些种子不能萌发，播种时不能把化肥和种子同时播入土壤。基肥或追肥过量都会造成大豆徒长，甚至倒伏，造成减产，因此，大豆施肥不可过量。

2. 大豆施肥后，必须保证水分供应

如果施肥后水分供应不及时，深施者会造成伤根；表面撒施者，经日晒逸散，对大豆不起作用。

3. 大豆施肥必须充分考虑品种株型类型

对于植株高大的品种，若进行大肥大水栽培，必须适宜稀植。否则，轻者造成空秆增加，重者造成倒伏减产。

4. 施肥要考虑土壤肥力

土壤肥力很高时，少施或不施基肥，同时，对植株高大的品种，也应稀植，可在结荚末期追肥。

5. 选好肥料的种类

夏大豆适量施有机肥和磷、钾肥，对培育强大的大豆根系、增加根瘤非常有利。因此，大豆应多施有机肥和磷、钾肥。最好将有机肥与磷、钾肥配合作基肥施入，既壮根、增瘤、强秆，又使花繁荚多、籽粒饱满。

6. 注意施肥时间

在一般土壤肥力下，大豆分枝期前后不要施氮肥。分枝期施氮肥不仅抑制根系、根瘤生长发育，而且使花芽变为叶芽，造成旺长减产。在一般土壤肥力条件下，花期最好不施氮肥。若土壤肥力不足，花期施氮肥，量也宜少。因为花期施氮肥会引起蕾、花严重脱落。蕾、花脱落后，再长出枝芽，会造成叶繁荚稀的结果进而减产。因此，在正常生长情况下，追肥期应适当推迟。

结荚末期追施氮肥，可减少秕荚，大幅度提高百粒重，并可使少部分植株再现蕾花而成荚，提高产量 20%～40%。因为结荚末期营养生长基本停止，根系、根瘤生长速度大大降低，到鼓粒期根瘤菌固氮能力逐渐下降。而鼓粒期大豆吸收的氮、磷量分别占全生育期的 60%、65% 左右，所需氮的绝对量是磷的 8 ~ 9 倍。因此，大豆鼓粒期常感氮素供应不足。在结荚末期追施氮肥既满足大豆鼓粒的需要，又不会造成植株旺长，能大幅度增加籽粒产量。在缺磷地区，也可氮、磷配合追施。氮、磷的适宜比例为 9 : 1。追肥后，一定要注意及时灌溉。

第三节　大豆测土配方施肥技术

一、测土配方施肥技术概述

测土配方施肥是指以土壤养分测试和肥料田间试验为基础，根据作物需肥规律、土壤供肥性能和肥料性质及肥料利用率，在合理施用有机肥的基础上，提出氮、磷、钾及中量、微量元素等肥料的施用品种、数量、施肥时期和施用方法，以满足作物均衡地吸收各种营养，同时维持土壤的肥力水平，减少养分流失和对土壤的污染，达到高产、优质和高效的目的。

实践证明，推广测土配方施肥技术，可以提高化肥利用率 5% ~ 10%，增产率一般为 10% ~ 15%，高的可达 20% 以上，实行测土配方施肥不但能提高化肥利用率，获得稳产高产，还能改善农产品质量，是一项节肥、节本、增产、增收的有效措施。

二、测土配方施肥的方法

(一) 目标产量配方法

目标产量配方法是根据作物产量的构成，按照土壤和肥料两方面供应养分的原理来计算施肥量。目标产量确定后，根据作物生长需要确定所需的养分进而计算施肥量。此方法又可分为养分平衡法和地力差减法，两者的区别在于土壤供肥量计算的不同。

1. 养分平衡法

养分平衡法是通过施肥达到作物需肥和土壤供肥之间养分平衡的一种配方施肥方法。其具体内容：用目标产量的需肥量减去土壤供肥量，其差额部分通过施肥进行补充，以使作物目标产量所需的养分量与供应养分量之间达到平衡。

2. 地力差减法

地力差减法是利用目标产量减去地力产量来计算施肥量的一种方法。地力产量就是作物在不施任何肥料的情况下所得到的产量，又称空白产量。

（二）地力分区（级）配方法

地力分区（级）配方法的主要内容有两方面，首先根据地力情况，将田地分成不同的区（级），然后再针对不同区（级）田块的特点进行配方施肥。

1. 根据地力分区（级）

分区（级）的方法，可以根据测土配方施肥土壤样本检测数据，按土壤养分测定值，划分出高、中、低不同的地力等级；也可以根据产量基础，划分若干肥力等级。在较大的区域内，可以根据测土配方施肥耕地地力评价，对农田进行分区划片，以每一个地力等级单元作为配方区。

2. 根据地力等级配方

不同配方区的地力不同，应在分区的基础上，针对不同配方区的特点，根据土壤样点分析数据及田间试验结果，以及当地群众的实践经验，制订适合不同配方的适宜肥料种类、用量和具体的实施方法。

（三）田间试验配方法

选择有代表性的土壤，应用正交、回归等科学的试验设计，进行多年、多点田间试验，然后根据试验资料的统计分析结果，确定肥料的用量和最优肥料配合比例的方法称为田间试验配方法。

1. 肥料效应函数法

不同肥料施用量对作物产量的影响，称为肥料效应。施肥量与产量之间的函数关系可用肥料效应方程式表示。此法一般采用单因素或双因素多水平试验设计为基础，将不同处理得到的产量进行数理统计，求得产量与施肥量之间的函数关系（即肥料效应方程式）。对方程式的分析，不仅可以直观地看出不同元素肥料的增产效应及其配合施用的联应效果，而且还可以分别计算出肥料的经济施用量（最佳施用量）、施肥上限和施肥下限，作为建议施肥量的依据。

2. 养分丰缺指标法

对不同作物进行田间试验，如果田间试验的结果验证了土壤速效养分的含量与作物吸收养分的数量之间有良好的相关性，就可以把土壤养分的测定值按一定的级差划分成养分丰缺等级，提出每个等级的施肥量，制成养分丰缺及所施肥料数量检索表，然后只要取得土壤测定值，就可对照检索表按级确定肥料施用量，这种方法被称为养分丰缺指标法。

为了制定养分丰缺指标，首先要在不同土壤田地上安排田间试验，设置全肥区（如 NPK）或缺肥区（如 NP）两个处理，最后测定各试验地土壤速效养分的含量，并计算不同养分水平下的相对产量（即 NP/NPK×100）。相对产量越接近 100%，施肥的效果越差，说明土壤所含养分丰富。在实践中一般以相对产量作为分级标准。通常的分级指标：相对产量大于 95% 为"极丰"，85%~95% 为"丰"，75%~85% 为"中"，50%~75% 为"缺"，小于 50% 为"极缺"。在养分含量"极缺"或"缺"的田块施肥，肥效显著，增产幅度大；在养分含量"中"的田块，肥效一般，可增产 10% 左右；在养分含量"丰"或"极丰"田块施肥，肥效极差或无效。

3. 氮、磷、钾比例法

通过田间试验，确定氮、磷、钾三要素的最适用量，并计算出三者之间的比例关系。在实际应用时，只要确定了其中一种养分的用量，然后按照各种养分之间的比例关系，再决定其他养分的肥料用量，这种定肥方法叫氮、磷、钾比例法。

配方施肥的 3 类方法可以互相补充，并不互相排斥。形成一种具体的配方施肥方案时，可以其中一种方法为主，参考其他方法，配合运用，这样可以吸收各种方法的优点，消除或减少采用一种方法的缺点，在产前确定更加符合实际的肥料用量。

三、大豆测土配方施肥

（一）不同地区测土施肥配方

1. 东北春大豆测土施肥配方

东北春大豆采用土壤、植株测试推荐施肥方法，在综合考虑有机肥、作物秸秆应用和管理措施基础上，根据土壤供氮状况和作物需氮量推荐施氮量，进行实时动态监测和精确调控；通过土壤测试和养分平衡对磷、钾进行监控；中微量元素采用"因缺补缺"的矫正施肥策略。

（1）东北春大豆氮肥用量确定　基于目标产量和土壤有机质含量的春大豆氮肥推荐用量见表 5-1。

表 5-1　春大豆氮肥推荐用量

土壤有机质/ （克/千克）	氮肥推荐用量/（千克/亩）		
	目标产量 150 千克/亩	目标产量 200 千克/亩	目标产量 250 千克/亩
<25	6	7	8

（续表）

土壤有机质/ （克/千克）	氮肥推荐用量/（千克/亩）		
	目标产量 150 千克/亩	目标产量 200 千克/亩	目标产量 250 千克/亩
25~40	7	8	9
40~60	8	9	10
>60	9	10	11

（2）东北春大豆磷肥恒量监控技术 基于目标产量和土壤有效磷含量的春大豆磷肥推荐用量见表5-2。

表 5-2 土壤磷素分级及春大豆磷肥（五氧化二磷）推荐用量

目标产量/ （千克/亩）	肥力等级	有效磷/ （毫克/千克）	磷肥用量/ （千克/亩）
150	极低	<10	6
	低	10~20	5
	中	20~35	4
	高	35~45	3
	极高	>45	2
200	极低	<10	7
	低	10~20	6
	中	20~35	5
	高	35~45	4
	极高	>45	3
250	极低	<10	8
	低	10~20	7
	中	20~35	6
	高	35~45	5
	极高	>45	4

（3）东北春大豆钾肥恒量监控技术　基于目标产量和土壤速效钾含量的春大豆钾肥推荐用量见表5-3。

表5-3　基于土壤交换性钾含量的春大豆钾肥（氧化钾）推荐用量

目标产量/ （千克/亩）	肥力等级	速效钾/ （毫克/千克）	钾肥用量/ （千克/亩）
	极低	<70	7
	低	70~100	6
150	中	100~150	5
	高	150~200	4
	极高	>200	3
	极低	<70	8
	低	70~100	7
200	中	100~150	6
	高	150~200	5
	极高	>200	4
	极低	<70	9
	低	70~100	8
250	中	100~150	7
	高	150~200	6
	极高	>200	5

（4）东北春大豆中微量元素推荐用量　东北春大豆中微量元素丰缺指标及推荐用量见表5-4。

表5-4　东北春大豆中微量元素丰缺指标及推荐用量

元素	提取方法	临界指标/ （毫克/千克）	基施用量/ （千克/亩）
镁	醋酸铵	50	镁 15~25
锌	DTPA	0.5	硫酸锌 1~2

（续表）

元素	提取方法	临界指标/ （毫克/千克）	基施用量/ （千克/亩）
硼	沸水	0.5	硼砂 0.50~0.75
钼	草酸-草酸铵	0.1	钼酸铵 0.03~0.06

2. 黄淮夏大豆测土施肥配方

夏大豆在生产上一直存在忽视施肥、管理粗放等问题，致使大豆产量较低。例如，河南根据测土结果，提出施肥配方（表5-5）。

表5-5 河南夏大豆测土施肥配方

土壤养分/（毫克/千克）			施肥量/（千克/亩）		
碱解氮	有效磷	速效钾	N	P_2O_5	K_2O
<40	<5	<80	70~100	10	8
40~65	5~18	80~120	3~5	6~10	4~8
>65	>18	>120	2~3	6	4

（二）大豆生产肥料组合

1. 基肥

根据测土施肥配方，以氮肥、磷肥、钾肥为基础，添加腐植酸、氨基酸、硅肥、有机型螯合微量元素、增效剂、调理剂等，或含钼、锌、硼等的有机型大豆专用肥，作为基肥施用。

（1）东北春大豆 综合各地大豆配方肥配制资料，建议氮、磷、钾总养分量为35%，氮、磷、钾比例为1：1.5：1。基础肥料选用及用量（1吨产品）：硫酸铵100千克、尿素107千克、磷酸一铵252千克、过磷酸钙120千克、钙镁磷肥12千克、氯化钾167千克、氨基酸螯合钼锌硼及稀土25千克、硝基腐植酸100千克、氨基酸45

千克、生物制剂 30 千克、增效剂 12 千克、调理剂 30 千克。

（2）北方夏大豆　综合各地大豆配方肥配制资料，建议氮、磷、钾总养分量为 25%，氮磷钾比例为 1∶2∶0.57。基础肥料选用及用量（1 吨产品）：硫酸铵 100 千克、尿素 47 千克、磷酸一铵 222 千克、过磷酸钙 150 千克、钙镁磷肥 15 千克、氯化钾 70 千克、硫酸镁 82 千克、氨基酸螯合钼锌硼及稀土 17 千克、硝基腐植酸 150 千克、氨基酸 55 千克、生物制剂 40 千克、增效剂 12 千克、调理剂 40 千克。

（3）南方酸性土壤夏大豆　综合各地大豆配方肥配制资料，建议氮、磷、钾总养分量为 30%，氮磷钾比例为 1∶0.31∶1。基础肥料选用及用量（1 吨产品）：硫酸铵 100 千克、尿素 224 千克、磷酸一铵 30 千克、过磷酸钙 100 千克、钙镁磷肥 50 千克、氯化钾 217 千克、氨基酸螯合钼锌硼铁及稀土 25 千克、硝基腐植酸 142 千克、氨基酸 40 千克、生物制剂 30 千克、增效剂 12 千克、调理剂 30 千克。

也可选用含促生菌腐植酸型复混肥（20-0-10）、腐植酸高效缓释复混肥（15-5-20）、腐植酸涂层长效肥（18-5-12）、腐植酸高效缓释复混肥（18-8-4）、长效缓释复合肥（24-16-5）、生物有机肥+包裹型尿素+硫酸钾等肥料组合。

2. 根际追肥

追肥可采用长效缓释复合肥（24-16-5）、含促生菌腐植酸型复混肥（20-0-10）、腐植酸高效缓释复混肥（18-8-4）、腐植酸包裹尿素、增效尿素、缓释磷酸二铵等。

3. 根外追肥

可根据大豆生长情况，酌情选用含腐植酸水溶肥、含氨基酸水溶肥、含海藻酸水溶肥、螯合态高活性叶面肥、含硼微量元素水溶肥、生物活性钾肥等。

第六章 大豆收获与贮藏

第一节 大豆成熟期与田间测产

一、大豆成熟期的划分

大豆的成熟期一般可划分为生理成熟期、黄熟期、完熟期 3 个阶段。

(一)生理成熟期

大豆进入鼓粒期以后，大量的营养物质向种子运输，种子中干物质逐渐增多，当种子的营养物质积累达到最大值时，种子含水量开始减少，植株叶色变黄，此时即进入生理成熟期。

(二)黄熟期

当种子水分减少到 18%～20%时，种子因脱水而归圆，从植株外部形态看，此时叶片大部分变黄，有的开始脱落，茎的下部已变为黄褐色，籽粒与荚皮开始脱离，即为大豆的黄熟期。

(三)完熟期

继而植株叶子大部分脱落，种子水分进一步减少，茎秆变褐色，叶柄基本脱落，籽粒已归圆，呈现本品种固有的颜色，摇动植株时种子在荚内发出响声，即为完熟期。

以后茎秆逐渐变为暗灰褐色，表示大豆已经成熟。

二、促进大豆早熟的方法

(一) 排水促生长

在 7—8 月，很多地区都是处于雨季，有时降水量会特别大，雨水过多会对大豆造成不同程度的影响，尤其是地势低洼的地块，极易发生沤根现象，严重影响大豆的品质和产量。所以对于易发生内涝的低洼地势，要及时进行排水降渍处理，可以采取机械排水和挖沟排水等措施，及时排除田间积水和耕层滞水。另外，在排水后及时扶正，培育植株，将表层的淤泥洗去，促使大豆尽快恢复正常生长。

(二) 熏烟防霜

在大豆生长后期，要随时密切关注天气的变化，进入秋季以后，气温下降，尤其是夜间温度较低，尤其在凌晨 2—3 时，在气温降至作物临界点 1~2℃时，可以采取人工熏烟的方法防早霜。在未成熟的大豆地块的上风口，可以将秸秆、杂草点燃，使其慢慢地熏烧，这样地块就会形成一层烟雾，能提高地表温度 1~2℃，极好地改善田间小气候，降低霜冻带来的危害。熏烟时烟雾要分布均匀，尽量保证整个田间有烟雾笼罩，另外用红磷等药剂在田间燃烧，也有防霜的效果。

(三) 喷肥促熟

在大豆花荚期喷施叶面肥能加快大豆生长发育，促使其早熟，一般喷施的叶面肥是尿素加磷酸二氢钾，每亩可以用尿素 350~700 克加磷酸二氢钾 150~300 克。按照土壤缺素情况可增施微肥，一般每亩用钼酸铵 25 克、硼砂 100 克兑水喷施，可在花荚期下午 4 时后喷施 2~3 次。有条件的还可以喷施芸苔素内酯和矮壮素等生长调节剂，不仅能为植株提供营养物质，还能有效地增加植株的抗逆性和抗寒能力。另外，及时地拔除杂草，增加田间的通透性，也能促进大豆早熟。

三、大豆田间测产

当大豆成熟时，为了掌握当年的大豆生产水平，生产和管理人员常常进行田间测产。

（一）选点取样

测产是用一部分地块上的产量来代表全田地水平，所以选点非常重要。选点一定要有代表性，测出的数据应能反映整个田间的真实性，不能出现偏颇。要根据测定地块的面积来确定取样点数、取样面积。测定地块面积大就要多选几点，面积小可以少取几点。如果取 3 点，可采用三角形取样法；取 5 点，可采取对角线取样；面积大可取 9 点，采取棋盘式取样法，每点可取 2 米^2。

（二）测产

取样点确定后，具体测产可在田间进行，也可取回室内实测。

1. 田间测产

如有一块大豆高产田，测产采取对角线取样，即 5 点，每点取 2 米（22 行，0.6 米行距），数出每点的株数，根据 5 点的结果算出平均株数。在最接近平均值的行内连续取出有代表性的 10 株，分别数出单株粒数，再根据该品种的百粒重即可算出单位面积的产量。大豆产量（千克/公顷）＝每平方米株数×10 000×每株粒数×百粒重（克）/（1 000×100）。

2. 室内测产

将取样点上的所有植株带回室内，把植株晒干脱粒，分别实测各点的产量，然后计算单位面积的产量。

第二节　大豆机械化收获减损技术

一、大豆收获期的选择

适期收获对保证大豆的产量和品质具有重要意义，大豆机械化高效低损收获需要严格把握收获时间，收获时间过早，籽粒百粒重、蛋白质和脂肪含量偏低，尚未完全成熟；收获时间过晚，大豆含水量过低，会造成大量炸荚掉粒现象。

（一）机械联合收获期的确定

机械收获的最佳时期为大豆完熟初期，此时期大豆籽粒含水量为 20%~25%，豆叶全部脱落，豆粒归圆，摇动大豆植株会听到清脆响声。

（二）分段收获期的确定

一般在大豆黄熟末期，此时期大豆田有 70%~80% 的植株叶片、叶柄脱落，植株变成黄褐色，茎和荚变成黄色，用手摇动植株可听到籽粒的哗哗声，即可进行机械割晒作业；对于人工收割机械脱粒方式的收获期，一般在大豆完熟期，此时叶片完全脱落，茎、荚、粒呈原品种色泽，豆粒全部归圆，籽粒含水量下降至 20%，摇动豆荚有响声。

（三）选择适宜作业时段

收割大豆应该选择早、晚时间段收割；避开露水时段，以免收获的大豆产生"泥花脸"；避开中午高温时段，以免炸荚造成产量损失。

二、作业前机具检查调试

开始作业前要保持机具良好技术状态，预防和减少作业故障，提高工作质量和效率。应做好以下检查准备工作。

（一）机具检查

驾驶操作前要检查各操纵装置功能是否正常；离合器、制动踏板自由行程是否适当；发动机机油、冷却液是否适量；仪表板各指示是否正常；轮胎气压是否正常；传动链、张紧轮是否松动或损伤，运动是否灵活可靠；检查和调整各传动皮带的张紧度，防止作业时皮带打滑；重要部位螺栓、螺母有无松动；有无漏水、渗漏油现象；割台、机架等部件有无变形等，机械收割保证刀片锋利，人工收割刀要磨快，减少损失。备足备好田间作业常用工具、零配件、易损件及油料等，以便出现故障时能够及时排除。

（二）试割

正式开始作业前要选择有代表性的地块进行试割。试割作业行进长度以 50 米左右为宜，根据作物、田块的条件确定适合的作业速度，对照作业质量标准仔细检测试割效果（损失率、破碎率、含杂率，有无漏割、堵塞、跑漏等异常情况），并以此为依据对相应部件（如拨禾轮转速、拨禾轮位置、割刀频率、脱粒滚筒转速、脱粒间隙、导流板角度、作业速度、风机转速、风门开度、筛子开度、振动筛频率等）进行调整。调整后再进行试割并检测，直至达到质量标准和农户要求为止。作物品种、田块条件有变化时要重新试割和调试机具。试割过程中，应注意观察、倾听机器工作状况，发现异常及时解决。

三、减少机收环节损失的措施

作业前要实地察看作业田块、种植品种、自然高度、植株倒伏、大豆产量等情况，调试好机具状态。作业过程中，严格执行作业质量要求，随时查看作业效果，发现损失变多等情况要及时调整机具参数，使机具保持良好状态，保证收获作业低损、高效。

（一）检查作业田块

去除田里木桩、石块等硬杂物，了解田块的泥脚情况，对可能造成陷车或倾翻、跌落的地方做出标识，以保证安全作业。对地块中的沟渠、田埂、通道等予以平整，并将地里水井、电杆拉线、树桩等不明显障碍进行标记。

（二）选择合适的收获方式

东北春大豆及黄淮海夏大豆产区宜选择联合收获方式，南方大豆产区依据种植模式和天气情况，合理选择联合收获方式与分段收获方式。

1. 联合收获

采用联合收割机直接收获大豆，首选专用大豆联合收割机，也可以选用多用联合收割机或借用小麦联合收割机，但一定要更换大豆收获专用的挠性割台。大豆机械化收获时，要求割茬高度一般在4~6厘米，要以不漏荚为原则，尽量放低割台。为防止炸荚损失，要保证割刀锋利，割刀间隙需符合要求，减少割台对豆枝的冲击和拉扯；适当调节拨禾轮的转速和高度，一般早期的豆枝含水量较高，拨禾轮转速可适当提高，晚期的豆枝含水量较低，拨禾轮转速需要相对降低，并对拨禾轮的轮板加橡皮等缓冲物，以减小拨禾轮对豆荚的冲击。在大豆收割机作业前，根据豆枝含水量、喂入量、破碎率、脱净率等情况，调整机器作业参数。一般调整脱粒滚筒转速为500~700转/分，脱粒间隙30~35毫米。在收获时期，一天之内豆枝和籽粒含水量变化很大，同样应根据含水量和实际脱粒情况及时调整滚筒的转速和脱粒间隙，降低脱粒破损率。要求割茬不留底荚，不丢枝，机收作业时按照《大豆联合收割机　作业质量》（NY/T 738—2020）标准执行，损失率≤5%，含杂率≤3%，破碎率≤5%，茎秆切碎长度合格率≥85%，收割后的田块应无漏收现象。

2. 分段收获

分段收获有收割早、损失小、炸荚、豆粒破损和泥花脸少的优点。割晒放铺要求连续不断空，厚薄一致，大豆铺底与机车前进方向呈30°角，大豆铺放在垄台上，豆枝与豆枝之间相互搭接，以防拾禾掉枝，做到底荚割净、不漏割、拣净、减少损失。割后5~10天，籽粒含水量在15%以下，及时拾禾脱粒。要求综合损失不超过3%，拾禾脱粒损失不超过2%，收割损失不超过1%。

(三) 选择适用机型

1. 北方春大豆产区

主要采用大型大豆联合收割机或改装后的大型自走式稻麦联合收割机。

2. 黄淮海夏大豆产区

主要采用中型的轮式大豆收割机或改装后的小麦联合收割机。

3. 南方大豆产区

主要采用小型履带式大豆联合收割机或改装后的水稻联合收割机。

4. 机具调整

改装后的稻麦联合收割机用于收割大豆，应注意适合于大豆收割的关键作业部件更换和作业参数调整。

(1) 大豆专用割台　更换适合于大豆收割的挠性割台，并依据收获大豆植株高度调整拨禾轮前后位置、上下位置，依据收获大豆底荚高度调整割台高度，使割刀离地高度为5~10厘米。

(2) 脱粒分离系统　更换适合于大豆收获作业的脱粒分离

系统，中小型联合收割机建议采用闭式弓齿脱粒滚筒，大型联合收割机建议采用"纹杆块+分离齿"式复合脱粒滚筒，凹板筛建议采用圆孔凹板筛，脱粒滚筒与凹板筛在结构、尺寸上应做到匹配，确保脱粒间隙为30~35毫米。

（3）清选系统　中小型联合收割机可采用常规鱼鳞筛，以调整风机转速、鱼鳞筛开度等清选作业参数为主，有条件的可改装导风板结构，增加风道数量至3个；大型联合收割机建议使用加长鱼鳞筛，有条件的可在筛面安装逐稿轮。

（4）籽粒输送系统　更换适合于大豆低破碎的输送系统，升运器建议采用勺链式升运器，复脱搅龙建议采用尼龙材质搅龙。

（四）正确开出割道

作业前必须将要收割的地块四角进行人工收割，按照机车的前进方向割出一个机位。然后，从易于机车下田的一角开始，沿着田的右侧割出一个割幅，割到头后倒退5~8米，然后斜着割出第二个割幅，割到头后再倒退5~8米，斜着割出第三个割幅；用同样的方法开出横向方向的割道。规划较整齐的田块，可以把几块田连接起来开好割道，割出3行宽的割道后再分区收割，提高收割效率。

（五）选择行走路线

行走路线最常用的有两种方法。①四边收割法。对于长和宽相近、面积较大的田块，开出割道后，收割一个割幅到割区头，升起割台，沿割道前进5~8米后，边倒车边向右转弯，使机器横过90°，当割台刚好对正割区后，停车，挂上前进挡，放下割台，再继续收割，直到将大豆收完。②左旋收割法。对于长和宽相差较大、面积较小的田块，沿田块两头开出的割道，长方向割到割区头，不用倒车，继续前进，左转弯绕到割区另一边进行收割。

(六) 选择作业速度

作业过程中应尽量保持发动机在额定转速下运转，机器直线行走，避免边割边转弯，压倒部分大豆造成漏割，增加损失。地头作业转弯时，不要松油门，也不可速度过快，防止清选筛面上的大豆甩向一侧造成清选损失，保证收获质量。若田间杂草太多，应考虑放慢收割机前进速度，减少喂入量，防止出现堵塞和大豆含杂率过高等情况。

(七) 收割潮湿大豆

在季节性抢收时，如遇到潮湿大豆较多的情况，应经常检查凹板筛、清选筛是否堵塞，注意及时清理。有露水时，要等到露水消退后再进行作业。

(八) 收割倒伏大豆

收获倒伏大豆时，可安装"扶倒器""防倒伏弹齿"装置，尽量减少倒伏大豆收获损失，收割倒伏大豆时应先放慢作业速度，原则上倒伏角小于45°时顺向作业；倒伏角45~60°时逆向作业；在倒伏角大于60°时，要尽量降低收割速度。

(九) 规范作业操作

作业时应根据大豆品种、高度、产量、成熟程度及秸秆含水量等情况来选择作业挡位，用作业速度、割茬高度及割幅宽度来调整喂入量，使机器在额定负荷下工作，尽量降低夹带损失，避免发生堵塞故障。收割采用"对行尽量满幅"原则，作业时不要"贪宽"，收割机的分禾器位置应位于行与行之间，避免收割机的行走造成大豆的抛撒损失。采用履带式收割机作业的时候，要针对不同湿度的田块对履带张紧度进行调整，泥泞地块适当调紧一些，干燥地块适当调松，以提高机具通过能力、减少履带磨损。要经常检查凹版筛和清选筛的筛面，防止被泥土或潮湿物堵死造成粮食损失，如有堵塞要及时清理。

（十）在线监测

有条件的可以在收割机上安装损失率、含杂率、破碎率在线监测装置，驾驶员根据在线监测装置提示的相关指标、曲线，适时调整行走速度、喂入量、留茬高度等作业状态参数，以保持低损失率、低含杂率、低破碎率的良好作业状态。

第三节　大豆等级与贮藏

一、大豆的等级

参照《大豆》（GB 1352—2023），依据完整粒率、损伤粒率、杂质含量、水分含量、色泽、气味等，将大豆分为 1 等、2 等、3 等、4 等、5 等共 5 个等级。完整粒率低于最低等级规定的，应作为等外级。大豆的等级划分应符合表 6-1 的规定。

表 6-1　大豆的质量指标

| 等级 | 完整粒率/% | 损伤粒率/% | | 杂质含量/% | 水分含量/% | 色泽、气味 |
		合计	其中：热损伤粒率			
1 等	≥95.0	≤4.0	≤0.2			
2 等	≥90.0	≤6.0	≤0.2			
3 等	≥85.0	≤8.0	≤0.5	≤1.0	≤13.0	正常
4 等	≥80.0	≤10.0	≤1.0			
5 等	≥75.0	≤12.0	≤3.0			
等外	<75.0	—	—			

注："—"为不要求。

二、大豆贮藏技术

（一）大豆种子贮藏特性

1. 易吸湿生霉

大豆的种皮较薄，孔隙较大，并含有大量的蛋白质等亲水胶体，加之大豆种皮和子叶之间有较大的空隙，种皮通透性好，因而吸湿能力与解吸能力均很强。常见的大豆生霉现象，多发生在吸湿之后，以粮堆下部或上层最为多见，下部主要来自吸湿，上层主要来自结露，深度一般不超过 30 厘米。

2. 易浸油赤变

大豆易浸油赤变，是贮藏过程中最常见的不良变化。当大豆水分超过 13%、温度高于 25℃ 时，贮存一段时间后，豆粒就会发软，两片子叶靠脐部的颜色变红（俗称"红眼"），随后子叶红色逐渐加深并扩大，称为赤变，严重者有明显浸油脱皮现象，子叶呈蜡状透明，称为浸油。这是因为在高温高湿作用下，大豆中的蛋白质会凝固变性，破坏脂肪与蛋白质共存的乳化状态，使脂肪渗出呈游离状态，从而导致大豆浸油，同时脂肪中的色素逐渐沉积，导致子叶变红，发生赤变。

3. 不耐高温

大豆在较高的温度下贮藏，其主要成分会发生一系列变化，如蛋白质变性、脂肪氧化分解等，这些变化会对大豆的外观和内在质量造成不良影响，使其使用价值显著降低。

4. 后熟期长，易"出汗""乱温"

大豆从收获成熟到生理成熟和工艺成熟的时间较长。在后熟期间，大豆的生理代谢旺盛，会放出较多的水分和热量，出现"出汗""乱温"现象，对大豆的安全贮藏不利，严重时还会发热甚至霉烂。

5. 抗害虫能力强

大豆籽粒表面光滑，散落性较大，种皮组织较坚硬，且含有较多的纤维素和蜡质，又有特殊的豆腥味，因而对害虫有较强的抵抗能力，通常除印度谷蛾、地中海螟和粉斑螟能造成为害外，一般很少受贮粮害虫的侵害。

6. 易丧失发芽力

正常水分的大豆，当贮藏温度达到 25℃ 时，就难以保持发芽力。保持发芽力的时间与水分、温度、种皮颜色等因素有关。色泽深的大豆，种皮组织较紧密，有一定的防护作用，故黑色大豆保持发芽力时间较长。水分低、温度低，保持发芽力的时间也较长。

（二）大豆的贮藏技术

1. 常规贮藏

在大豆的常规贮藏中，必须注意干燥、除杂、通风散热、压盖防潮以及防止虫害感染等方面，加强检查，发现问题及时处理。

（1）降低水分　降低水分是贮藏大豆的首要措施，大豆水分与安全贮藏期限的关系见表 6-2。

表 6-2　大豆水分与安全贮藏期限

大豆水分/%	安全贮藏期	大豆水分/%	安全贮藏期
16	4 个月	13	7 个月
15	5 个月	12	过夏
14	6 个月	<12	长期

通常认为，大豆水分在 12.5% 以下贮藏较为安全，在 12.5%~13.5% 为半安全，超过 13.5% 为不安全。即使短期贮藏的大豆，水分也不应超过 13.5%。因此，凡接收入库的大豆，当

水分超过 12.5% 时，就应迅速降低水分，芽用或种用大豆水分则应控制在 12% 以下。降低大豆水分通常可通过日晒、机械烘干和机械通风来完成。

（2）清除杂质　当大豆中杂质多，特别是破碎粒多时，容易吸湿转潮和感染害虫，引起大豆发热、霉变、生芽、浸油赤变和酸败变质。因此，在脱粒整晒时要尽量减少破碎粒，晒干后要及时把杂质清除干净。

（3）通风散热　新收获入库的大豆尚未通过后熟期，生理活动比较旺盛，豆堆内湿热容易积聚，同时正值季节交替，气温逐渐下降，故容易出现表层结露和局部转潮的现象，往往会引起大豆发热霉变。因此，应切实加强通风管理工作，在晴天开启仓房门窗，翻扒粮面或进行机械通风，及时散发堆内湿热，防止豆堆结露、返潮、霉变。

（4）压盖防潮　大豆吸湿性强，散湿性也强，所以在贮藏期间应做好铺垫隔湿和覆盖防潮，通常多采用数层芦席、草席或塑料薄膜进行铺垫隔湿和覆盖密闭防潮，使大豆保持干燥。在春季相对湿度高，豆堆表层容易吸湿返潮时，应及时将密封豆堆的覆盖物在晴天晒干，待冷凉后再覆盖在豆堆上，以吸收表层大豆的水分，保持干燥。

2. 低温密闭贮藏

大豆导热性不良，在高温情况下又易引起红变，所以长期贮藏的大豆应该采取低温密闭的贮藏方法。一般可趁寒冬季节，将大豆转仓或出仓冷冻，使种温充分下降后，再进仓密闭贮藏，最好表面加一层压盖物。加覆盖的和未加覆盖的相比，在种子堆表层的水分要低，种温也低，并且保持原有的正常色泽和优良品质。有条件的地方将种子存入低温库、准低温库、地下库等效果更佳，但地下库一定要做好防潮去湿工作。贮藏大豆对低温的敏感程度较差，因此很少发生低温冻害。

　　3. 高水分大豆的贮藏

　　高水分大豆，在春季梅雨季节，可以装包堆成通风垛，采用去湿机吸湿降水。运用这种方法贮藏大豆，不仅比人工晾晒降水节约费用，而且不受气候条件的限制，晴天雨天都可进行，解决了高水分大豆在多雨的春季不能及时晾晒难以安全保管的问题，是一种贮藏高水分大豆的有效措施。

第七章

大豆高质高效生产模式

第一节 大豆"深窄密"栽培技术

一、技术概述

大豆"深窄密"栽培技术是以矮秆品种为突破口，以气吸式播种机与通用机为载体，结合"深"（深松与分层施肥）、"窄"（窄行）、"密"（增加密度）的平作栽培技术。大豆"深窄密"技术比 70 厘米的宽行距增产 20% 以上，其亩产量能稳定保持在 200 千克以上。

二、技术要点

（一）土地准备

选用地势平坦、土壤疏松、地面干净、较肥沃的地块，要求秸秆地表覆盖且长度在 3~5 厘米。前茬的处理以深松或浅翻深松为主。土壤耕层要达到深、暄、平、碎。秋整地要达到播种状态。

（二）品种选择与种子处理

选择秆强、抗倒伏的矮秆或半矮秆品种。机械精播对种子要求严格，所以种子在播种前要进行机械精选。种子质量标准：纯度大于 99%，净度大于 98%，芽率大于 95%，水分小于 13.5%，粒型均匀一致。精选后的种子要进行包衣。

(三) 播种期

以当地日平均气温稳定通过 5℃ 的日期作为当地始播期。在播种适期内，要根据品种类型、土壤墒情等条件确定具体播种期。例如，中晚熟品种应适当早播，以便保证在霜前成熟；早熟品种应适当晚播，以便其发棵壮苗，提高产量。土壤墒情较差的地块，应当抢墒早播，播后及时镇压；土壤墒情好的地块，应选定最佳播种期。播种时间是根据大豆种植的地理位置、气候条件、栽培制度及大豆生态类型确定的。就全国来说，春大豆播种期为 4 月 25 日至 5 月 15 日。

(四) 播种方法

"深窄密" 栽培技术采取平播的方法，双条精量点播，行距平均为 15.0~17.5 厘米，株距为 11 厘米，播深 3~5 厘米。以大机械一次完成作业为好。

(五) 播种标准

在播种前要进行播种机的调整，把播种机与拖拉机悬挂连接好后，要求机具的前后、左右调整水平，要与拖拉机对中。气吸式播种机风机的转速应调整到以播种盘能吸住种子为准，风机皮带的松紧度要适中，过紧对风机轴及轴承影响较大，使其易于损坏；过松风机转速下降，产生空穴。精量播种机通过更换中间传动轴或地轮上的链轮实现播种量的调整。同时，通过改变外槽轮的工作长度来实现施肥量的调整，调整时松开排肥轴端头传动套的顶丝，转动排肥轴，通过增加或减少外槽轮的工作长度来实现排肥量的调整。要求种子量和施肥量流量一致，播量准确。对施肥铲的调整，松开施肥铲的顶丝，上下窜动，调整施肥的深度，深施肥在 10~12 厘米，浅施肥在 5~7 厘米。行距的调整，松开长孔调整板上的螺栓，使行距调整到要实施的行距，锁紧即可。

播种时要求播量准确，正负误差不超过 1%，100 米偏差不超过 5 厘米，耕后地表平整。

(六) 播种密度

目前，黑龙江品种的亩播种密度可在 3.0 万~3.3 万株。各方面条件优越、土壤肥力水平高的，播种密度要降低 10%；整地质量差的、土壤肥力水平低的，播种密度要增加 10%。内蒙古东四盟和吉林东部地区可参照这个播种密度，吉林其他地区和辽宁亩播种密度可在 2.7 万~3.0 万株。

(七) 施肥

进行土壤养分的测定，按照测定结果，动态调整施肥比例。在没有进行平衡施肥的地块，经验施肥的一般氮、磷、钾可按 $1：(1.15~1.5)：(0.5~0.8)$ 的比例。分层深施于种下 5 厘米和 12 厘米。肥料商品量每亩尿素 3.33 千克、磷酸二铵 10 千克、钾肥 6.67 千克。氮、磷肥充足条件下应注意增加钾肥的用量。叶面肥一般喷施 2 次，第一次在大豆初花期，第二次在大豆盛花期和结荚初期，可用尿素加磷酸二氢钾喷施，用量一般每亩用尿素 0.33~0.67 千克加磷酸二氢钾 0.17~0.30 千克。喷施时最好采用飞机航化作业，效果最理想。

(八) 化学灭草

化学灭草应采取秋季土壤处理、播前土壤处理和播后苗前土壤处理。化学除草剂的选用原则如下。

一是把安全性放在首位，选择安全性好的除草剂及混配配方。

二是根据杂草种类选择除草剂和合适的混用配方。

三是根据土壤质地、有机质含量、pH 值和自然条件选择除草剂。

四是选择除草剂还必须选择好的喷洒机械，配合好的施药技术。

五是要采用两种以上的混合除草剂，同一地块不同年份间除草剂的配方要有所改变。

（九）化学调控

大豆植株生长过旺，要在分枝期选用多效唑、三碘苯甲酸等化控剂进行调控，控制大豆徒长，防止后期倒伏。

（十）收获

大豆叶片全部脱落、茎秆黄枯、籽粒归圆且呈本品种色泽、含水量低于18%时，用带有挠性割台的联合收获机进行机械直收。收获的标准要求割茬不留底荚，不丢枝，田间损失小于3%，收割综合损失小于1.5%，破碎率小于3%，泥花脸小于5%。

第二节 大豆"大垄密"栽培技术

一、技术概述

"大垄密"栽培技术是在"深窄密"的基础上，为了解决雨水多、土壤库容小、不能存放多余的水等问题，逐步发展起来的一种垄平结合、宽窄结合、旱涝综防的大豆栽培模式。"大垄密"栽培技术比70厘米的宽行距增产20%以上，常年大豆亩产量能稳定保持在200千克以上。

二、技术要点

（一）土地准备

选用地势平坦、土壤疏松、地面干净、较肥沃的地块，要求秸秆地表覆盖且长度在3~5厘米，整地要做到耕层土壤细碎、地平。提倡深松起垄，垄向要直，垄宽一致。要努力做到伏秋精细整地，有条件的也可以秋施化肥，在上冻前 7~10 天深施化肥。要大力推行以深松为主体的松、耙、旋、翻相结合的整地方法。无深翻、深松基础的地块，可采用伏秋翻同时深松、旋耕，耕翻深度 18~20 厘米，翻耙结合，耙茬深度 12~15 厘米，深松深度 25 厘米以上；有深翻、深松基础的地块，可进行秋耙茬，拣净茬子，耙深 12~15 厘米。春整地的玉米茬要顶浆扣垄并镇压；有深翻深松基础的玉米茬，早春拿净茬子并耢平茬坑，或用灭茬机灭茬，达到待播状态。进行"大垄密"播种地块的整地要在伏秋整地后，秋起平头大垄，并及时镇压。

（二）品种选择与种子处理

选择秆强、抗倒伏的矮秆或半矮秆品种。机械精播对种子要求严格，所以种子在播种前要进行机械精选。种子质量要求：纯度大于 99%，净度大于 98%，芽率大于 95%，水分小于 13.5%，粒型均匀一致。精选后的种子要进行包衣，包衣要包全、包匀。包衣好的种子要及时晾晒、装袋。

（三）播种期

以当地日平均气温稳定通过 5℃ 的日期作为始播期。在播种适期内，要因品种类型、土壤墒情等条件确定具体播种期。例如，中晚熟品种应适当早播，以保证在霜前成熟；早熟品种应适当晚播，以便其发棵壮苗，提高产量。土壤墒情较差的地块，应当抢墒早播，播后及时镇压；土壤墒情好的地块，应选定最佳播种期。播种时间是根据大豆栽培的地理位置、气候条件、栽培制度及大豆生态类型确定的。就全国来说，春大豆播种期为 4 月 25 日至 5 月 15 日。

（四）播种方法

"大垄密"栽培即把 70 厘米或 65 厘米的大垄，二垄合一垄，使其成为 140 厘米或 130 厘米的大垄。一般在垄上种植 3 行的双条播，即 6 行，理想的是把中间的双条播，即垄上 5 行，或者 110 厘米的垄种 4 行。

（五）播种标准

在播种前要进行播种机的调整，播种机与拖拉机悬挂连接好后，机具的前后、左右要调整水平，与拖拉机对中。气吸式播种机风机的转速应调整到以播种盘能吸住种子为准，风机皮带的松紧度要适度，过紧对风机轴及轴承损坏较大；过松转速下降，会产生空穴。精量播种机通过更换中间传动轴或地轮上的链轮实现播种量的调整，并通过改变外槽轮的工作长度来实现施肥量的调整，调整时松开排肥轴端头传动套的顶丝，转动排肥轴，增加或减少外槽轮的工作长度来实现排肥量的调整。要求种子量和施肥量流量一致，播量准确。施肥深度可通过施肥铲的调整实现，松开施肥铲的顶丝，上下窜动，深施肥在 10~12 厘米，浅施肥在 5~7 厘米。行距调整可松开长孔调整板上的螺栓，使行距调整到要实施的行距，锁紧即可。播种时要求播量准确，正负误差不超过 1%，100 米偏差不超过 5 厘米，播到头、到边。

（六）播种密度

目前黑龙江品种的亩播种密度一般在 3.0 万~3.3 万株。肥力水平高的，密度要降低 10%；整地质量差的、肥力水平低的，密度要增加 10%。内蒙古东四盟和吉林东部地区可参照这个密度，吉林其他地区和辽宁亩播种密度可在 2.7 万~3.0 万株。

（七）施肥

经验施肥的氮、磷、钾一般可按 1：（1.15~1.5）：（0.5~0.8）的比例。分层深施于种下 5 厘米和 12 厘米。肥料用量每亩尿素 3.3 千克、磷酸二铵 10 千克、钾肥 6.67 千克。氮、磷肥充足条件下应注意增加钾肥的用量。叶面肥一般喷施 2 次，第一次在大豆初花期，第二次在大豆盛花期和结荚初期，可用尿素加磷酸二氢钾喷施，一般每亩用尿素 0.33~0.67 千克加磷酸二氢钾 0.17~0.30 千克。

（八）化学灭草、秋季土壤处理

采用混土施药法使用除草剂，秋施药可结合大豆秋施肥进行。秋施异噁草松、咪唑乙烟酸、唑嘧磺草胺、二甲戊灵等，喷后混入土壤中。播前土壤处理，使土壤形成 5~7 厘米药层，可乙草胺或精异丙甲草胺混用；播后苗前土壤处理，主要控制一年生杂草，同时消灭已出土的杂草，可乙草胺、精异丙甲草胺与异噁草松等混用。喷液量每亩 10.0~13.3 升，要达到雾化良好，喷洒均匀，喷量误差小于 5%。喷药的时候要注意以下几点。

一是药剂喷洒要均匀。坚持标准作业，喷洒均匀，不重、不漏。

二是整地质量要好，土壤要平细。

三是混土要彻底。混土的时间和深度应根据除草剂的种类而定。

四是药效受降雨影响较大。

（九）化学调控

大豆植株生长过旺，要在初花期选用多效唑、三碘苯甲酸等化控剂进行调控，控制大豆徒长，防止后期倒伏。

（十）收获

大豆叶片全部脱落，茎秆黄枯，籽粒归圆且呈本品种色泽、含水量低于 18% 时，用带有挠性割台的联合收获机进行机械直收。收获的标准要求：割茬不留底荚，不丢枝，田间损失小于 3%，收割综合损失小于 1.5%，破碎率小于 3%，泥花脸小于 5%。

第三节 大豆大垄密植浅埋滴灌栽培技术

一、技术概述

针对东北大豆产区春播期干旱、坐水种困难、播后出苗不齐不全、关键生育时期遇旱灌溉难等严重影响大豆单产的问题，研究集成提高水肥利用效率的栽培技术模式。

大豆大垄密植浅埋滴灌栽培技术通过滴灌实现了适时播种，播种期可较传统种植模式提早2~3天，播种覆土可比传统垄作覆土浅，出苗提前2~3天，实现了苗全、苗齐、苗匀，一次播种抓全苗；通过增加垄体宽度实现合理密植，可较传统种植模式亩保苗提高2 000~3 000株；通过水肥一体化，可亩均节水40%，同时降低灌溉劳动强度，省工、省力，是一项绿色高产高效的大豆栽培技术。

二、技术要点

大豆大垄密植浅埋滴灌栽培技术是将大豆传统模式的65厘米垄种改为110厘米的床播，将原来的垄上双行改为垄上4行，采用宽窄行种植模式，小行距20厘米，大行距30厘米，株距13厘米，在宽行中间铺设滴灌管，亩保苗由1.4万株提高到1.9万株，使大豆植株分布更加均匀合理，提高光能利用率、水肥利用效率，实现节肥节水、增产增效、绿色生产。

（一）选地

选择地势平坦、土层深厚、保水保肥能力强、具有滴灌条件、不重茬和迎茬的适宜茬口地块。

（二）整地

深松或深翻30厘米以上，打破犁底层，适时耙地。

（三）选用优良的高蛋白、高油专用品种

种子纯度和净度均达到98%以上，发芽率达到90%以上。

（四）测土配方施肥

进行 N：P：K=1：1.5：1 配方施肥，每亩用55%大豆专用肥 15.0~17.5 千克。

（五）机械播种

当耕层土壤温度稳定通过8℃时即可播种，选用大豆大垄密植浅埋滴灌专用精量播种机一次性完成播种、施肥、铺设滴灌带、镇压等作业。播种量 4~5 千克/亩。镇压后播种深度 3~4 厘米。

（六）滴灌管网连接及滴灌

播种后，将毛管、支管、主管和首部连通。当播种后土壤墒情不足时及时滴出苗水，滴水量 20~30 米³/亩，保证大豆正常出苗。

（七）田间管理

适时铲蹚、施肥。根据土壤墒情，在大豆开花期和结荚期，及时灌水 2~3 次，每次灌水量为 20~30 米³/亩。建议应用化学除草技术、病虫害绿色防控技术。

（八）适时收获

人工收获，当植株落叶即可收割；机械收获，籽粒归仓，可在适期内抢收早收。

第四节　大豆行间覆膜栽培技术

一、技术概述

大豆行间覆膜技术是应用专用的大豆覆膜播种机在大豆行间

覆盖 60~70 厘米宽的可降解或拉力强的 0.01 毫米地膜，一次完成施肥、覆膜、播种、镇压等作业，技术适于干旱地区或干旱年份。大豆行间覆膜栽培技术具有保墒、集雨、增温、防草、促进土壤微生物活动和养分有效利用，以及延长大豆生育期的作用，抗旱、增产效果显著。

（一）主要模式

大豆行间覆膜栽培技术主要有平作行间覆膜和大垄垄上行间覆膜两种技术模式。一般在干旱地区、风沙较大地区采用平作行间覆膜。在生育前期干旱、后期雨水较多的地区采用大垄垄上行间覆膜。其不适用于无干旱发生的地区或者二洼地、易内涝的地块。

（二）大豆行间覆膜增产机理

利用覆盖物对土壤地下水的利用，在干旱地区或干旱年份通过增加水分提高光合效率；通过增加温度抗御早春低温；通过水分调节肥料的利用率；选用秆强品种防止倒伏，保证高产的实现。

（三）增产特点

大豆行间覆膜栽培技术具有显著的增产、提质、增效特点。大豆出苗率高，减少播种量 25%；膜内杂草得到控制，减少除草剂使用量 40%；大豆覆膜起垄、镇压，中耕次数少，减少机械作业费；在干旱条件下大豆表现为产量高、含油量高；提高了大豆抗灾能力，尤其在干旱年份有明显的增产效果。

二、技术要点

（一）选地与整地

选择大豆生育前期受干旱影响严重的平川地或岗地，前茬为禾谷类作物或非豆科作物，有深松基础的地种植。

伏秋整地，对没有深松基础的地块实行超深松或浅翻深松，深松深度 35 厘米以上；有深松基础的采用耙茬或旋耕整地，耙茬深度 15～18 厘米，旋耕深度 14～16 厘米；整地后地表干净，以保证覆膜质量。

（二）品种选择及种子处理

1. 品种选择

选择审定推广的优质、高产、抗逆性强、成熟期适宜的品种。

2. 种子处理

（1）种子精选　种子播前要进行人工粒选或用大豆选种机精选，剔除病斑粒、不完整粒、虫食粒及杂质。精选后种子质量达到良种以上，即纯度≥98%、净度≥99%、发芽率≥85%、含水量≤13.5%。

（2）种子包衣　根据当地土壤条件及病虫害种类选用种衣剂。一般播种前 100 千克种子用 35%多·福·克种衣剂 1 500 毫升包衣，防治蛴螬、大豆根潜蝇等地下害虫和孢囊线虫、根腐病。

（三）播种机选择及播种

1. 播种机选择

选择 2BM-4 型或 2MBJ-8 型等覆膜专用播种机，一次完成施肥、覆膜、播种、镇压等作业。

2. 播种时间、播种密度及播种方法

5 厘米土壤温度稳定通过 5℃时开始播种。一般播量为 45～60 千克/公顷，保苗数以 25～35 株/米^2 为宜。播种方法为膜外单行播种，种子距膜 3～5 厘米。

（四）施肥技术

1. 施肥方式与时间

化肥做底肥要深施，深度达到种下 16～20 厘米，全部氮肥

（要求氮肥深施）及 60%~70%磷、钾肥结合秋整地在土壤封冻前 10 天施入。如在秋整地时没施底肥的地块，在春季大豆播种时施入，此时，在播种同时采用分层深施肥技术，第一层 16~20 厘米，第二层 5~7 厘米；对于已秋施底肥的地块，种肥用量是化肥总施用量（仅磷、钾肥）的 30%~40%，施到种子侧下方 5~7 厘米处。

2. 施肥量

应用测土配方施肥技术科学施肥。做不到测土施肥的地块一般每公顷施用商品肥 280~320 千克，其中磷酸二铵 180~200 千克、控释尿素 40~50 千克、氯化钾 60~70 千克。

（五）地膜选择及覆膜管理

选用地膜厚度 0.01 毫米、拉力较强的普通膜或降解膜。一般地膜用量为 45~60 千克/公顷。若采用 70 厘米宽的地膜，110 厘米为一带，铺膜后膜面宽 60 厘米，露地间苗带宽 45~50 厘米；若采用 80 厘米宽的地膜，120 厘米为一带，铺后膜面宽 70 厘米，露地间苗带宽 45~50 厘米。膜要拉紧，两边各压土 10 厘米，在风沙大的地区，膜上压土，间距 5~10 米，在一般地区压土间距 10~20 米，以防止大风掀膜。

覆膜时机要随土壤墒情而定。在墒情好的情况下，随铺膜随播种；在土壤过于干旱时，则要等雨抢墒随铺膜随播种；如果土壤湿度过大，则应晾晒，待土壤松散时再铺膜播种。覆膜第二天要仔细查田，见有膜被风鼓起的用土压严，增温保墒。在大豆封垄期，要立即揭膜。

（六）病虫草害的防治

1. 化学除草

覆膜大豆必须做好播种前的土壤封闭灭草，否则覆膜后膜内杂草多，仅靠膜内高温杀死杂草，很难完全防除。土壤封闭处理可采用秋季土壤施药结合秋整地进行，春施药可结合耙茬整地进行，也可以在播种的同时进行土壤封闭处理，先喷药随后进行播种、施肥、覆膜等。防除禾本科杂草可选用乙草胺或异丙甲草胺等，防除阔叶杂草可选用噻吩磺隆或异噁草松等。苗后茎叶处理同常规大豆生产田。

2. 病虫害防治

以农业防治、物理防治、生物防治为主，化学防治为辅。通过选用抗病品种、合理轮作、培育壮苗、精细管理等农业措施，利用灯光、颜色诱杀等物理措施，释放天敌等生物措施及化学防治等措施进行综合防治。

（七）中耕管理

行间覆膜因田间有覆膜区，可采用少耕或免中耕管理，即苗期土壤墒情好可在非覆膜区进行深松，土壤墒情差不能深松。

（八）化学调控

植株长势过旺，可用多效唑、烯效唑进行调控，控制大豆徒长，防止后期倒伏。植株长势弱，可喷施微量元素、磷酸二氢钾或腐植酸类叶面肥等，促进大豆生长。

（九）残膜回收

在大豆封垄前应将残膜全部起净，最好使用起膜中耕机作业，随起膜随中耕，防止后期杂草生长并有利于储存雨水。

（十）收获

大豆叶片脱落，籽粒归圆，呈现本品种色泽，籽粒含水量不高于15%时，用带有挠性割台的大豆联合收割机进行机械直收，秸秆粉碎还田。收获时，综合损失不超过2%，破碎粒低于3%，泥花脸低于5%。

（十一）注意事项

一是不能选择过晚品种，要选择在本地能正常成熟的品种。

二是大豆行间覆膜栽培技术在干旱地区或干旱年份应用，增产效果显著；不适于在水分充足的地块或地区应用。

三是优先选用可降解地膜，选用常规地膜拉力强度要大，以利于膜的回收，不污染环境。

第五节　大豆保护性耕作技术

一、技术概述

大豆保护性耕作技术，又称大豆少耕、免耕技术。保护性耕作是一种新型旱地耕作方法，即在满足作物生长条件的基础上尽量减少田间作业，并将秸秆粉碎还田覆盖地表，要求残茬覆盖率≥30%，采用机械化或半机械化措施保证播种质量。该技术主要包括免耕播种施肥、深松、控制杂草、秸秆及地表处理4项内容。其核心是免耕播种，其技术实质是通过残茬覆盖地表和简化耕作，减少水土流失、培肥地力、保护环境和资源。

保护性耕作是相对于传统铧式犁翻耕的一种新型耕作技术，保护性耕作使一定比例的残茬覆盖于地表，故覆盖层可起到减少水分蒸发、减缓地表水流速和蓄水的作用；不翻地，土壤中的毛细管保持畅通，团粒结构保持完整，土壤持水和蓄水能力大为增强。在降水量相等的条件下保护性耕作的地块越冬后，土壤含水量比对照田高17.4%。

其优越性可概括为：一是可以保护土壤，减少水土流失和地表水分蒸发，提高土壤蓄水保墒能力；二是能够减少地表沙尘飘移；三是可以增加土壤有机质，培肥地力；四是可以有效减少劳动力和机械投入，提高劳动生产率；五是可以提早播种，延长大豆生育期，有利于选用中晚熟高产优质的大豆良种，提高产量；

六是有利于秸秆还田，增加土壤有机质，减少秸秆焚烧和大气污染。

二、技术要点

（一）秸秆覆盖技术

包括秸秆粉碎还田覆盖、整秆还田覆盖和留茬覆盖。

1. 秸秆粉碎还田覆盖

如果前茬是玉米，玉米秸秆量一般过大，可将玉米秸秆粉碎还田。还田方式可采用联合收割机自带粉碎装置和秸秆粉碎机作业两种，以后再用圆盘耙进行表土作业；春季土壤温度太低时，可采用浅松作业。

如果前茬是小麦，可用联合收割机收获，同时将秸秆粉碎并抛撒还田，地表不平或杂草较多时可用浅松作业，秸秆太长时可用粉碎机或旋耕机浅旋作业。还田方式可采用联合收割机自带粉碎装置和秸秆粉碎机作业两种。小麦秸秆粉碎还田机具作业要求以达到免耕播种作业要求为准。

2. 整秆还田覆盖

一类是玉米整秆还田覆盖，适合冬季风大的地区。当前茬是玉米时，人工收获玉米后对秸秆不做处理，秸秆直立在地里，以免秸秆被风吹走；播种时将秸秆按播种机行走方向撞倒，或人工踩倒。

另一类是小麦整秆还田覆盖，适合机械化水平低、用割晒机或人工收获的地区。其具体操作为：将麦秆运出脱粒，将土地进行深松，再覆盖脱粒后的整秸秆。

3. 留茬覆盖

适合风蚀严重、以防治风蚀为主、农作物秸秆需要综合利用的地区。实施保护性耕作技术可采用机械收获时留高茬+免耕播种作业、机械收获时留高茬+粉碎浅旋播种复式作业两种处理方法。

留高茬即是在农作物成熟后，用联合收获机或割晒机收割作物籽穗和秸秆，割茬高度控制在玉米至少 20 厘米，小麦至少 15 厘米，残茬留在地表不做处理，播种时用免耕播种机进行作业。

（二）轮作与耕整地

1. 轮作

实行玉米大豆隔年轮作，均衡增加田间秸秆量。

2. 耕整地

（1）免耕播种　免耕就是除播种之外不进行任何耕作。用免耕播种机一次完成破茬开沟、施肥、播种、覆土和镇压作业。

（2）少耕播种　少耕包括深松与表土耕作，深松即疏松深层土壤，基本上不破坏土壤结构和地面植被，可提高天然降雨入渗率，增加土壤含水量。经必要的地表作业（耙地、浅松）后进行播种。大豆一般亩播种量为 4~5 千克。播种深度一般控制在 3~5 厘米，沙土和干旱地区播种深度应适当增加 1~2 厘米。施肥深度一般为 8~10 厘米（种肥分施），即在种子下方 4~5 厘米。

（三）选择优良品种

选用高产、优质、耐除草剂的大豆品种。对种子进行精选处理，要求种子的净度≥98%、纯度≥97%、发芽率≥95%。播前应适时对所用种子进行药剂拌种或浸种处理。

（四）播种

1. 播期

当 5~10 厘米土壤温度稳定通过 8~9℃时，适时播种。

2. 播法

少耕、免耕：用免耕专用播种机播种，一次完成播种、施肥、覆土、镇压等作业。

条带耕：应用全球定位系统，用免耕或常规大豆播种机播种，一次完成播种、施肥、覆土、镇压等作业。

3. 播种量

少耕和条带耕比常规耕作增加5%~8%的播种量，免耕增加10%~15%的播种量。

4. 播种质量

深浅一致，覆土镇压严、无断条，深度镇压后3~4厘米。

（五）施肥

实行测土配方施肥，做到氮、磷、钾科学配比，增补微肥。采用保护性耕作前3年适量增施氮肥，调节碳氮比；保护性耕作3~5年后，减少化肥施入总量15%~20%。

（六）病虫草害防治

应用少耕、免耕技术要加强田间管理，特别是控制病虫草害的发生，播种前要对种子进行药剂拌种处理，出苗期喷洒除草剂，出苗后期机械或人工锄草。

（七）化学调控

在高肥力地块，为防止大豆倒伏，可采用多效唑等植物生长调节剂在初花期进行调控。在低肥力地块，为防止后期脱肥早衰，可在盛花期、鼓粒期于叶面喷洒少量尿素、磷酸二氢钾和硼、锌微肥及其他营养剂。

（八）收获

同常规大豆生产田。

第六节　麦茬夏大豆节本栽培技术

一、技术概述

麦茬夏大豆节本栽培技术是在小麦机械收获并全部或部分秸

秆还田的基础上，集成保护性机械耕作、播后或苗后化学除草、病虫害防控、化学调控、根瘤菌接种等单项技术的配套栽培技术体系。

二、技术要点

(一) 小麦秸秆处理

灭茬直播技术采用联合收割机收获小麦，并加带秸秆粉碎抛撒装置，将秸秆粉碎后均匀抛撒。小麦留茬高度在 20 厘米以下，秸秆粉碎后长度在 10 厘米以下，如未在联合收割机上加装抛撒装置，可用锤爪式秸秆粉碎机将秸秆粉碎 1~2 遍。

(二) 播种

1. 选种

选用高产、优质大豆品种。精选种子，保证种子发芽率。每公顷播种量为 60~75 千克，亩保苗 22.5 万株。

2. 适期早播

麦收后抓紧抢种，宜早不宜晚，底墒不足时造墒播种。

3. 播种

灭茬直播技术采用机械播种，精量匀播，开沟、施肥、播种、覆土一次完成，行距 40 厘米，播种深度 3~5 厘米。

4. 施肥

每公顷施种肥（复合肥，N-P-K = 15-15-15）150~225 千克，或在前茬（小麦）整地时，在小麦正常施肥的基础上每公顷施磷肥（P_2O_5）150 千克、钾肥（K_2O）150 千克。注意肥料与种子分开。此外，也可在分枝期结合中耕培土施肥。

5. 拌种

按照每粒大豆种子接种根瘤菌 10^5~10^6 个的用量，以加水或掺土的方式稀释菌剂，均匀拌种以使根瘤菌剂粘在所有种子表面，拌完后尽快（12小时内）播种。

（三）田间管理

1. 杂草控制

一是播种后出苗前用异丙甲草胺、乙草胺等化学除草剂封闭土表；二是出苗后用高效氟吡甲禾灵（禾本科杂草）、氟磺胺草醚（阔叶杂草）等除草剂进行茎叶处理。

2. 病虫防治

做好蛴螬、豆秆黑潜蝇、蚜虫、食心虫、豆荚螟、造桥虫等虫害，以及大豆根腐病、孢囊线虫病、霜霉病等病害的防治工作。

3. 化学调控

高肥力地块可在初花期喷施多效唑等植物生长调节剂，防止大豆倒伏。低肥力地块可在盛花期、鼓粒期叶面喷施少量尿素、磷酸二氢钾和硼、锌微肥等，以防止后期脱肥早衰。

4. 及时排灌

大豆花荚期和鼓粒期遇严重干旱及时浇水，雨季遇涝要及时排水。

5. 适时收获

当叶片发黄脱落、荚皮干燥、摇动植株有响声时收获。

第七节　大豆-玉米轮作条件下大豆高效栽培技术

一、技术概述

大豆-玉米轮作条件下大豆高效栽培技术是在玉米机械收获后秸秆全部还田和大豆种植时不施用氮肥的基础上，集成保护性机械耕作、作物轮作、精准施肥、播后或苗后化学除草、病虫害生态防控、化学调控等单项技术的配套栽培技术体系。该技术分为深翻犁秸秆全还田深混技术和秸秆覆盖免耕精量播种技术。

种植大豆不施用氮肥，大豆茬免耕种植玉米，亩增收节支120元以上；玉米秸秆一次性深混还田，改善了土壤的孔隙结构，增加了耕层厚度，提高了土壤有机质含量，提高了土壤肥力。和常规技术相比，应用大豆-玉米轮作条件下大豆高效栽培技术可使大豆增产12%左右，水分、肥料利用效率提高13%以上，同时可有效控制病虫害，并可避免因秸秆焚烧造成的环境污染。

二、技术要点

（一）玉米秸秆处理

玉米成熟后采用联合收割机收获的同时将粉碎的玉米秸秆抛撒在田面上，玉米留茬15厘米以下，用灭茬机进行秸秆和根茬二次破碎。

（二）秸秆深混还田

使用螺旋式犁壁犁进行土壤深翻作业，将抛撒在田面上的秸秆深混入30~35厘米土层；深翻后的土壤晾晒4~5天，利用圆盘耙进行耙地，最后使用联合整地机起垄至待播种状态。

（三）优质高产大豆品种选择

选择蛋白含量高、耐密植、产量稳定性好、抗倒伏和疫霉根腐病、成熟时不炸荚、适合于机械化管理和区域内种植的大豆品种。

（四）种子处理与播种

精选种子，保证发芽率。每100千克种子用1 500毫升种衣剂拌种，防治根腐病，同时防治大豆根潜蝇、地老虎、大豆孢囊线虫病等。要求药液均匀分布到种子表面，拌匀后晾干即可播种。每亩播种量为 4~5 千克，亩保苗 28 万株。根据土壤墒情和土壤温度适时播种。

（五）施肥

亩施用磷酸二铵 10 千克、硫酸钾 5 千克。采用分层施肥：第一层施在种下 4~5 厘米处，占施肥总量的 30%~40%；第二层施于种下 8~15 厘米处，占施肥总量的 60%~70%。

（六）杂草防治

播种后出苗前，用异丙草胺、异丙甲草胺、精异丙甲草胺、丙炔氟草胺和噻吩磺隆等化学除草剂进行封闭除草；出苗后用精喹禾灵、高效氟吡甲禾灵、精吡氟禾草灵、烯禾啶与氟磺胺草醚等进行茎叶除草。

（七）病虫害防治

加强病虫害监测，尽量施用高效、低毒、低残留药剂。使用吡虫啉或阿维菌素防治蚜虫，使用阿维菌素防治红蜘蛛，使用高效氯氟氰菊酯防治食心虫，使用咪鲜胺或者菌核净防治菌核病。

（八）化学调控

高肥力地块可在初花期喷施多效唑等植物生长调节剂，防止大豆倒伏。低肥力地块可在盛花期、鼓粒期叶面喷施少量尿素、磷酸二氢钾和硫酸锌等，防止后期脱肥早衰。

（九）机械收获

在大豆完熟期、叶片全部脱落、豆粒归圆时进行。收割机作业要求割茬低、不留底荚，一般 5~6 厘米。

（十）注意事项

一是深翻犁秸秆全还田深混技术要求玉米秸秆在联合收割机收获时含水量不能太高，否则影响秸秆的机械粉碎程度，进而影响机械还田效果。

二是深翻犁秸秆全还田深混技术尽量在秋季作物收获以后进

行，以免春季耕翻导致土壤失墒，影响大豆的生长发育。

三是大豆茬免耕播种玉米要注意播种时的土壤温度，如果温度过低，可以等到适宜的土壤温度再播种，以免影响玉米的发芽。

第八节　大豆玉米带状复合种植全程机械化技术

一、技术概述

大豆玉米带状复合种植全程机械化技术是在传统间套作的基础上创新发展而来的，采用玉米带与大豆带间作（复合）种植，让高位作物玉米具有边行优势，扩大低位作物大豆受光空间，实现玉米带和大豆带年际间地内轮作，又适于机播、机管、机收等机械作业，在同一地块实现大豆玉米和谐共生、一季双收，是稳玉米、扩大豆的一项重要种植模式。

二、技术要点

（一）机械化播种

1. 品种选择

根据资源禀赋、种植制度、水肥条件等因素，选择适宜的品种搭配，大豆应选用耐阴、耐密、抗倒、底荚高度在 10 厘米以上的品种，玉米应选用株型紧凑、适宜密植和机械化收获的高产品种。多熟制地区应注意与前后茬的合理搭配，实现周年均衡优质高产。

2. 种床准备

可根据当地大豆、玉米常规种植方式的整地措施进行种床准备。一年多熟地区，前茬作物留茬高度≤10 厘米，秸秆粉碎长度≤10厘米，大豆播种带应进行灭茬，或选用带灭茬功能的播种机进行灭茬播种。黄淮海地区小麦收获后若墒情适宜，应立即抢墒播种，若墒情较差，应先造墒再播种。

3. 适期播种

具体播种时间根据当地气候条件、前茬作物收获时间确定。西南地区先播玉米，适播期为3月下旬至4月上旬；后播大豆，适播期为6月上中旬。黄淮海地区玉米、大豆可同时播种，适播期为6月15—25日。西北地区玉米、大豆可于5月上旬同期播种。

4. 机具选择

根据所选种植模式、机具情况确定相匹配的播种机组，行距、间距、株距、播种深度、施肥量等应调整到位，满足当地农艺要求。如大豆、玉米同期播种，优先选用与一个生产单元相匹配的大豆玉米带状复合种植专用播种机；如大豆、玉米错期播种，可选用单一大豆播种机和玉米播种机分步作业。黄淮海地区前茬秸秆覆盖地表，宜选用大豆带灭茬浅旋播种机，减少晾种和拥堵现象；西北地区，根据灌溉条件和铺膜要求，宜选用具有铺管覆膜功能的播种机；长江中下游地区，根据土壤情况，宜选用具有开沟起垄功能的播种机；西南地区，应选用具有密植分控和施肥功能的播种机。

5. 规范作业

大面积作业前，应进行试播，查验播种作业质量、调整机具参数，播种深度和镇压强度应根据土壤墒情变化适时调整。作业时，应注意适当降低作业速度，提高小穴距条件下播种作业质量，一般勺轮式排种器作业速度为3~4千米/时，指夹式为5~6千米/时，气力式为6~8千米/时，同时注意保持衔接行距均匀一致。

6. 技术要点

（1）黄淮海地区　大豆播种平均种植密度为 8 000~10 000 株/亩。玉米播种调整行距接近 40 厘米，调整株距至 10~12 厘米，平均种植密度为 4 500~5 000 株/亩，并增大玉米单位面积施肥量，确保玉米单株施肥量与净作相当。

（2）西北地区　该地区覆膜打孔播种机应用广泛，应注意适当降低作业速度，防止地膜撕扯，保证两种作物种子均能准确入穴。大豆可采用一穴 2~3 粒的播种方式，种植密度为 11 000~12 000 株/亩。玉米调整行距接近 40 厘米，通过改变鸭嘴数量将株距调整至 10~12 厘米，种植密度为 4 500~5 000 株/亩，并增大玉米单位面积施肥量，确保玉米单株施肥量与净作相当。

（3）西南和长江中下游地区　该区域大豆玉米间套作应用面积较大。大豆播种可在 2 行玉米播种机上增加 1~2 个播种单体，株距调整至 9~10 厘米，种植密度为 9 000~10 000 株/亩。玉米播种调整行距接近 40 厘米，株距调整至 12~15 厘米，种植密度为 4 000~4 500 株/亩，并增大玉米单位面积施肥量，确保玉米单株施肥量与净作相当。

（二）机械化田间管理

1. 机械化除（控）草

采取"以封闭为主、封定结合"的杂草防除策略，即将播后苗前土壤封闭处理和苗后定向茎叶喷药相结合，以苗前封闭除草为主，减轻苗后除草压力。

（1）封闭除草技术要点　播后苗前（播后 2 天内）根据不同地块杂草类型选择适宜的除草剂，使用喷杆喷雾机进行土壤封闭喷雾，喷洒均匀，在地表形成药膜。

（2）苗期除草技术要点　大豆和玉米分别为双子叶作物和单子叶作物，苗期除草应做好物理隔离，避免产生药害。首先选用自走式双系统分带喷杆喷雾机等专用植保机械，其次选用经调整改造的自走式双系统分带喷杆喷雾机，实现玉米、大豆分带同步植保作业；也可选用加装隔板（隔帘、防护罩）的普通自走式喷杆喷雾机，实现大豆、玉米分带分步植保作业。苗后玉米3~5叶期、大豆2~3片三出复叶期，根据杂草情况对大豆玉米分带定向喷施除草剂。应选择无风天气，并压低喷头，防止除草剂漂移到邻近行的大豆带或玉米带。

2. 病虫防治

播种前应对大豆玉米种子进行拌种或包衣处理，防治地下害虫和土传病害。大豆玉米全生育期，根据病虫预测或发生情况，选用相应药剂，可采用物理防治、生物防治与化学防治相结合的方法，优先选用双系统分条带喷杆喷雾机实现精准对行、对靶喷雾作业，减少浪费和污染。

3. 化学控旺

大豆在5片复叶与初花期，玉米在7~10片展开叶，根据株高情况，采用自走式双系统分带喷杆喷雾机分别对大豆、玉米定向喷施生长调节剂，控制株高，增强抗倒能力。

4. 水肥管理

大豆、玉米生长期应根据田间土壤水分和生长情况加强水肥管理，有条件的地方可采用水肥一体化滴灌方式精准灌溉施肥，确保密植玉米生长后期有足够的水肥营养。遇涝应及时排水，排涝后应及时在大豆带和玉米带之间采用施肥机追肥。

（三）机械化收获

1. 确定适宜收获期

（1）大豆适宜收获期　一般在黄熟期后至完熟期，此时期大豆叶片脱落80%以上，豆荚和籽粒均呈现原有品种的色泽，籽粒含水率下降到15%~25%，茎秆含水率为45%~55%，豆粒归圆，植株变成黄褐色，茎和荚变成黄色，用手摇动植株会发出清脆响声。大豆收获作业应该选择早、晚露水消退时间段进行，避免产生"泥花脸"；应避开中午高温时段，减少收获炸荚损失。

（2）玉米适宜收获期　一般在完熟期，此时玉米植株的中、下部叶片变黄，基部叶片干枯，果穗变黄，苞叶干枯呈黄白色而松散，籽粒脱水变硬乳线消失，微干缩凹陷，籽粒基部（胚下端）出现黑帽层，并呈现品种固有的色泽。采用果穗收获，玉米籽粒含水率一般为25%~35%；采用籽粒直收方式，玉米籽粒含水率一般为15%~25%。

2. 确定收获方式及适宜机型

（1）先收大豆后收玉米方式　该方式适用于大豆先熟玉米晚熟地区，主要包括黄淮海、西北等地区。作业时，先选用适宜的窄幅宽大豆收获机进行大豆收获作业，再选用2行玉米收获机或常规玉米收获机进行玉米收获作业。大豆收获机机型应根据大豆带宽和相邻两玉米带之间的带宽选择，轮式和履带式均可，应做到不漏收大豆、不碾压或夹带玉米植株。一般情况下，4+2种植模式应选择1.3米≤作业幅宽<2米、整机宽度<2.1米的大豆收获机，3+2种植模式应选择1米≤作业幅宽<1.7米、整机宽度<1.8米的大豆收获机。窄幅宽大豆收获机宜装配浮式仿形割台，割台离地高度小于5厘米，实现贴地收获作业。玉米收获时，大豆已收获完毕，玉米收获机机型选择范围较大，可选用2行玉米收获机对行收获，也可选用当地常规玉米收获机减幅作业。

（2）先收玉米后收大豆方式　该方式适用于玉米先熟大豆晚熟地区，主要包括西南地区套作方式和长江流域、华北地区。作业时，先选用适宜的2行玉米收获机进行玉米收获作业，再进行大豆收获作业。玉米收获机机型应根据玉米带的行数、行距和相邻两大豆带之间的宽度选择，轮式和履带式均可，应做到不碾压或损伤大豆植株，以免造成炸荚，增加损失。4+2、3+2 种植模式应选择轮胎（履带）外侧间距<1.5 米、整机宽度<1.6 米的 2 行玉米收获机，也可选用高地隙跨带玉米收获机，先收两带 4 行玉米。大豆收获时，玉米已收获完毕，机型选择范围较大，可选用幅宽与大豆带宽相匹配的大豆收获机，幅宽应大于大豆带宽 40 厘米以上；也可选用当地常规大豆收获机减幅作业。

（3）大豆、玉米分步同时收获方式　该方式适用于大豆、玉米同期成熟地区，主要包括西北、黄淮海等地区。作业时，对大豆、玉米收获顺序没有特殊要求，主要取决于地块两侧种植的作物类别，一般分别选用大豆收获机和玉米收获机前后布局，轮流收获大豆和玉米，依次作业。因作业时一侧作物已经收获，对机型外廓尺寸、轮距等要求降低，可根据大豆种植幅宽和玉米行数选用幅宽匹配的机型，也可选用常规收获机减幅作业。

3. 减损收获作业

（1）科学规划作业路线　对于大豆、玉米分期收获地块，如果地头种植了先熟作物，应先收地头先熟作物，方便机具转弯调头，实现往复转行收获，减少空载行驶；如果地头未种植先熟作物，作业时转弯调头应尽量借用田间道路或已收获完的周边地块。对于大豆、玉米同期收获地块，应先收地头作物，方便机具转弯调头，实现往复转行收获，减少空载行驶；然后再分别选用大豆收获机和玉米收获机依次作业。

（2）合理确定作业速度　作业速度应根据种植模式、收获机匹配程度确定，禁止为追求作业效率而降低作业质量。对于大豆先收方式，大豆收获作业速度应低于传统净作，一般控制在 3～6 千米/时，发动机转速保持在额定转速，不能在低转速下作业。若播种和收获环节均采用北斗导航或辅助驾驶系统，收获作业速度可提高至4~8千米/时。玉米收获时，两侧大豆已收获完，可按正常作业速度行驶。对于玉米先收方式，受两侧大豆植株以及玉米种植密度高的影响，玉米收获作业速度应低于传统净作，一般控制在3~5千米/时。如采用幅宽大于55厘米的玉米收获机，或在种植行距宽窄不一、地形起伏不定、早晚及雨后作物湿度大时作业，应降低作业速度，避免损失率增大。大豆收获时，两侧玉米已收获完，可按正常作业速度行驶。

（3）驾驶操作规范　大豆收获时，应以不漏收豆荚为原则，控制好大豆收获机割台高度，尽量放低割台，将割茬降至4~8厘米，避免漏收低节位豆荚。作业时，应将大豆带保持在割台中间位置，并直线行驶，避免漏收或碾压、夹带玉米植株。应及时停车观察粮仓中大豆清洁度和尾筛排出秸秆夹带损失率，并适时调整风机风量。玉米收获时，应严格对行收获，保证割道与玉米带平行，且收获机轮胎（履带）要在大豆带和玉米带间空隙的中间，避免碾压两侧大豆。玉米先收时，应确保玉米秸秆不抛撒在大豆带，提高大豆收获机通过性和作业清洁度。

第八章 大豆病虫草害防治技术

第一节 大豆病虫害的综合防控技术

大豆病虫害防控要贯彻"以预防为主，综合防治"的植保方针，综合运用农业防控、物理防控、生物防控，以及施用生物农药、高效低毒低残留农药的化学防控方法，保护田间天敌生物，最大限度地减少化学农药使用次数和使用量，将病虫为害控制在经济允许损失水平之下，确保农业生产、农产品质量和农田生态环境安全，尽可能降低生产成本，并协调发挥各相关部门作用，加强引导，推进绿色防控，促进农业稳定发展、农民持续增收。

一、农业防控

推广种植抗（耐）病虫、高温、倒伏等自然灾害能力强的适合机械化收获的高产、高蛋白质或者高油专用无病虫大豆品种。播前精选种子、晒种，剔除病虫粒；开展农机农艺相结合，加强田间管理，实施测土配方施肥，合理密植，加强水肥管理，培育健壮植株，提高田间通透度，增强植株抗病力；施肥时，以农家肥、有机肥、生物菌肥为主，配合施用磷、钾肥，要做到因土、因品种施肥，分期施肥，特别注意在3片复叶期、花荚期补施有机液肥，以进一步提高大豆抗病虫能力；适时清除田边地头杂草，做好田间杂草防除工作，铲除病虫栖息场所和寄主植物；大豆收获后，将秸秆粉碎深翻或腐熟还田或集中离田处理，以减少翌年病虫基数；雨后及时排除田间积水，以降低土壤湿度、减轻病情等。

同一区域应避免大面积种植单一大豆品种，以更好地保持生态多样性，降低病虫害的发生。

调整作物布局，合理轮作、套种、混种大豆等。与禾本科作物及其他非豆科作物、经济作物等3年以上轮作换茬，结合套种、混种，以抑制土壤中病原物、改变农田生态小环境、减少有害物质积聚和病虫种群数量、抑制草荒、减轻病虫害的发生。为防止除草剂残留导致的药害，也应该考虑轮种不敏感的作物。

合理密植，提高机播质量，适期播种。综合考虑品种特性、气候等因素，选用好的播种机械适期、适量播种，做到播种行直、下种均匀、无漏播。

二、物理防控

在田间挂设银灰色塑料膜条驱避蚜虫或者设置防虫网阻隔防虫；也可以利用害虫的趋光、趋色习性，在成虫发生期，于田间设置黑光灯、频振式杀虫灯、糖醋液、色板（黄板诱杀蚜虫、烟粉虱等）、性诱剂等，以降低田间虫源基数。其中，在田间设置杀虫灯，可以对多种害虫的成虫进行诱杀；采用性诱剂进行诱杀时，可根据大豆田主要害虫种类，设置诱捕器30~45个/公顷，悬挂在高于大豆顶部20厘米处，每5天清理1次诱捕器，诱芯每月更换1次，建议选择性悬挂不同的性诱剂诱捕器，并集中连片大面积使用。

三、生物防控

尽量保护天敌生物，利用天敌防控。例如，大豆蚜的天敌种类较多，可以利用天敌瓢虫类、食蚜蝇、草蛉、蚜茧蜂、瘿蚊、蜘蛛等防治。赤眼蜂对大豆食心虫的寄生率较高，可以在大豆食心卵高峰期释放赤眼蜂 30 万~45 万头/公顷防治。

四、化学防控

（1）生物农药　生物农药低毒、低残留，通常可选用球孢白僵菌、苏云金杆菌、多抗霉素、中生菌素、蜡质芽孢杆菌等生物药剂防治。

（2）植物生长调节剂和叶面肥　用赤·吲乙·芸苔等具有植物免疫诱抗生长的制剂，进行大豆种子包衣或拌种，或者混配营养、生物型叶面肥进行种子处理或者在生长期喷雾，以提高大豆抗逆性（缓解药害、干旱等）及抗病虫害能力，促进植株健壮生长，增加产量和改善品质。

第二节　大豆常见病害的防治技术

一、大豆根腐病

（一）主要症状

大豆根腐病是对大豆苗期根部真菌病害的统称。大豆在整个生长发育期均可感染根腐病，造成苗前种子腐烂，苗后幼苗猝倒和植株枯萎死亡（图8-1）。苗期发病影响幼苗生长甚至造成死苗，使田间保苗数减少。成株期根部受害，影响根瘤的生长与数量，造成地上部生长发育不良以至矮化，影响结荚数与粒重，从而导致减产。

图 8-1　大豆根腐病受害植株

（二）发生规律

连阴雨后或大雨过后骤然放晴，气温迅速升高；或时晴时雨、高温闷热天气易发病。最易感病温度为 24~28℃。

（三）防治方法

一是选用抗病品种。

二是合理轮作。大豆根腐病主要是土壤带菌，与玉米、麻类作物轮作能有效预防大豆根腐病。

三是加强田间管理。及时翻耕，平整细耙，雨后及时排除积水防止湿气滞留，可减轻根腐病的发生。

四是药剂防治。可用 35%多·福·克种衣剂，按说明用量拌种包衣。药剂选用 70%噁霉灵可湿性粉剂 1 000~2 000 倍液或 50%多菌灵可湿性粉剂 800~1 000 倍液。

二、大豆病毒病

（一）主要症状

一般大豆病毒侵染大豆后，植株正常营养生长受到破坏，表现为叶片黄化、皱缩（图8-2），植株矮小、茎枯，单株荚数减少甚至不结荚，籽粒出现褐斑，严重影响大豆的产量与品质。流行年份造成大豆减产25%左右，严重时减产95%。

图8-2　大豆病毒病受害叶片

（二）发生规律

大豆病毒病很容易在重茬田地发生。病毒主要吸附在豆类作物种子上越冬，也可在越冬豆科作物上或随病株残余组织遗留在田间越冬。播种带毒种子，出苗后即可发病，生长期主要通过蚜虫、飞虱传毒，植株间汁液接触等传播。

（三）防治方法

（1）农业防治　①种子处理。播种前严格选种，清除褐斑粒。适时播种，使大豆在蚜虫盛发期前开花。苗期拔除病苗，及时防治蚜虫，加强田间管理，培育壮苗，提高品种抗病能力。②选育、推广抗病毒品种。以花叶病毒为例，大豆花叶病毒以种子传播为主，且品种间抗病能力差异较大；各地花叶病毒生理小种不一，同一品种种植在不同地区其抗病性也不同。因此，应在明确该地区花叶病毒的主要生理小种基础上选育和推广抗病品种。③建立无病种子田。侵染大豆的病毒，很多是通过种子传播的，因此，种植无病毒种子是最有效的防治途径之一。建立无毒种子田要注意两点：一是种子田四周100米范围内无病毒寄主植物；二是种子田出苗后要及时清除病株，开花前再一次拔除病株，经3~4年种植即可得到无毒源种子。一级种子的种传率低于0.1%，商品种子（大田用种）种传率低于1%。④加强种子检疫管理。我国大豆分布广泛，播种季节各不相同，形成的病毒株有差异。品种交换及种子销售均可能引入非本地病毒或非本地的病毒株系，形成各种病毒或病毒株的交互感染，从而导致多病毒病流行。因此，种子生产及种子管理部门必须提供种传率低于1%的无毒种子，种子管理部门和检疫部门应严格把关。

（2）防治蚜虫 大豆病毒大多由蚜虫传播，大豆种子田用银膜覆盖或将银膜条间隔插在田间，起避蚜、驱蚜作用，田间发现蚜虫要及时用药剂防治。在迁飞前喷药效果最好，可选用50%抗蚜威可湿性粉剂2 000倍液、2.5%溴氰菊酯乳油2 000~4 000倍液、2.5%高效氯氟氰菊酯乳油1 000~2 000倍液、2%阿维菌素乳油3 000倍液、3%啶虫脒乳油1 500倍液、10%吡虫啉可湿性粉剂2 500倍液等进行叶面喷施防治。

（3）化学防治 在发病重的地区可在发病初期喷洒一些防治病毒病的药剂，以提高大豆植株的抗病性，可选用40%混合脂肪酸水乳剂100倍液、20%吗胍·乙酸铜可湿性粉剂500倍液、50%氯溴异氰尿酸可溶粉剂400倍液或2%宁南霉素水剂100~150毫升/亩，兑水40~50千克喷雾防治，每隔10天喷1次，连喷2~3次。

三、大豆孢囊线虫病

大豆孢囊线虫病又称大豆根线虫病、萎黄线虫病，俗称"火龙秧子"。

（一）主要症状

在大豆整个生育期均可发生，主要是在根部。染病根系不发达，侧根显著减少，细根增多，不结根瘤或根瘤稀少。地上部植株矮小、子叶和真叶变黄、花芽簇生、节间短缩，开花期延迟，不能结荚或结荚少。重病株花及嫩荚枯萎、整株叶由下向上枯黄似火烧状，严重者全株枯死。

（二）发生规律

影响大豆孢囊线虫病发病的因素以温度、湿度影响最明显。大豆孢囊线虫发育最适温度为17~18℃，10℃以下和35℃以上幼虫不能发育为成虫；最适土壤湿度为60%~80%，孢囊对低温、干旱耐力强。碱性土壤最适宜线虫的生活繁殖，pH值小于5时，线虫几乎不能繁殖。通气良好的砂土和砂壤土及干旱瘠薄的土壤也适于线虫的生长发育。轮作与发病程度有密切的关系。连作大豆，线虫数量迅速增加，而种植一季非寄主作物后，线虫数量便急剧下降。

（三）防治方法

（1）选用抗病品种　不同的大豆品种对大豆孢囊线虫病有不同程度的抵抗力，应用抗病品种是防治大豆孢囊线虫病的经济有效措施，目前生产上已推广有抗线虫和较耐线虫品种。

（2）合理轮作　与玉米轮作，孢囊量下降30%以上，是行之有效的农业防治措施。此外，要避免连作、重茬，做到合理轮作。

（3）搞好种子检疫　杜绝带线虫的种子进入无病区。

（4）药剂防治　可用含有杀虫剂的35%多·福·克悬浮种衣剂拌种，然后播种。还可施用200亿CFU/克苏云金杆菌HAN055可湿性粉剂3 000~5 000克/亩，于播种时撒在沟内，湿土效果好于干土，中性土效果比碱性土好。

四、大豆霜霉病

(一) 主要症状

在气温冷凉地区发生普遍，多雨年份病情加重。叶部发病可造成叶片提早脱落或凋萎，种子霉烂，千粒重下降，发芽率降低。该病为害幼苗、叶片、豆荚及籽粒。最明显的症状是在叶背面有霉状物（图8-3）。病原为东北霜霉，属于鞭毛菌亚门真菌。成株期感病多发生在开花后期。

图8-3 大豆霜霉病叶片

(二) 发生规律

最适发病温度为20~22℃。湿度也是重要的发病条件，7—8月多雨高湿易引发病害，干旱、低湿、少露则病害发生少。

(三) 防治方法

（1）选用抗病品种 选用对大豆霜霉病抗病力较强的品种。

（2）轮作 该菌卵孢子可在病茎、叶上、土壤中越冬，实行轮作，可减少初侵染源。

（3）搞好种子检疫 选用无病种子。

（4）种子药剂处理 播种前用种子重量0.3%的90%乙膦酸

铝可溶粉剂或 35% 甲霜灵可湿性粉剂拌种。

（5）加强田间管理　中耕时注意铲除被侵染的病苗，减少田间侵染源。

（6）药剂防治　可用 25% 甲霜灵可湿性粉剂 25～30 克，兑水 15 千克喷雾。

五、大豆灰斑病

（一）主要症状

大豆叶片出现"蛙眼"状斑，是大豆灰斑病为害所致。大豆灰斑病又叫斑点病、蛙眼病，为低洼易涝区主要病害。该病为害大豆的叶片、茎、荚、籽粒，但对叶片和籽粒的为害更为严重，受害叶片可布满病斑（图 8-4），造成叶片提早枯死。病原为大豆尾孢，属于半知菌亚门。一般 6 月上中旬叶片开始发病，7 月中旬进入发病盛期。

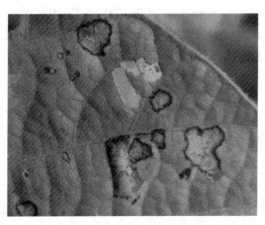

图 8-4　大豆灰斑病受害叶片

（二）发生规律

大豆灰斑病病菌侵染温度范围为 15～32℃，最适为 25～28℃。在适宜温度下接种保湿 2 小时即可侵入。7—8 月多雨高温（湿度>80%）可造成病害流行。高密植多杂草发病严重。

（三）防治方法

（1）农业措施　选用抗病品种，合理轮作避免重茬，收获后及时深翻；合理密植，及时清沟排水。

（2）种子处理　用 60%多·福可湿性粉剂按种子重量 0.4%的比例拌种，亦可用种子重量 0.3%的 50%福美双可湿性粉剂或 50%多菌灵可湿性粉剂拌种。

（3）药剂防治　叶片发病后及时打药防治，最佳防治时期是大豆开花结荚期。发病初期用 70%甲基硫菌灵可湿性粉剂 500～1 000 倍液、50%多菌灵可湿性粉剂 500～1 000 倍液、3%多抗霉素 600 倍液喷雾防治，每隔 7～10 天喷 1 次，连续喷 2～3 次；也可用 50%甲基硫菌灵可湿性粉剂 600～700 倍液、65%硫菌·霉威可湿性粉剂 1 000 倍液、50%多菌灵可湿性粉剂 800 倍液，隔 10 天左右喷 1 次，防治 1 次或 2 次。喷药时间要选在晴天上午 6—10 时、下午 3—7 时，喷后遇雨要重喷。

六、大豆锈病

（一）主要症状

大豆锈病是大豆的重要病害，主要为害大豆叶片，也可侵染叶柄和茎。初期出现黄褐色病斑，随后逐步扩展叶片背面稍隆起，出现孢子堆，表皮破裂后散出棕褐色粉末，导致叶片早枯（图 8-5）。在大豆生长发育后期，在孢子堆周围形成黑褐色多角形稍隆起的冬孢子堆。

图8-5 大豆锈病受害叶片

（二）发生规律

以秋大豆发病较重，特别是在雨季气候潮湿时发病严重。大豆锈病病菌以夏孢子越冬和越夏，主要通过夏孢子进行传播，侵染大豆和其他寄生植物。夏孢子落在大豆叶片上萌发长出芽管，以芽管直接穿透角质层侵入，或从气孔侵入。侵染大豆后，还可进行多次再侵染，并可通过气流传播至各地。全国大豆锈病发病期：冬大豆3—5月，春大豆5—7月，夏大豆8—10月，秋大豆9—11月。

（三）防治方法

（1）茬口轮作 与其他非豆科作物实行2年以上轮作。

（2）清洁田园 收获后及时清除田间病残体，带出地外集中烧毁或深埋，深翻土壤，减少土表越冬病菌。

（3）加强田间管理 深沟高畦栽培，合理密植，科学施肥，及时整枝；开好排水沟系，使雨后能及时排水。

（4）药剂防治 在发病初期开始喷药，每隔7～10天喷1次，共1～2次。药剂可选用430克/升戊唑醇悬浮剂4 000～6 000倍液、40%氟硅唑乳油6 000～7 000倍液、80%代森锰锌可湿性粉剂800倍液或15%三唑酮可湿性粉剂1 000倍液等。

七、大豆细菌性斑点病

(一) 主要症状

大豆细菌性斑点病是对大豆细菌性病害的统称，包括细菌斑点病、细菌叶烧病和细菌角斑病，一般以细菌斑点病为害较重。主要为害叶片，也为害幼苗、叶柄、豆荚和籽粒。为害幼苗时，子叶出现褐色斑，呈半圆形或近圆形。为害叶片时，初期出现褪绿水浸状不规则形小点，后迅速扩展变成多角形病斑，病斑中间深褐色至黑褐色，边缘还伴有褪绿晕圈，造成枯死（图8-6）。为害茎部时，初期出现暗褐色水渍状长条形病斑，后扩展变为不规则状，稍凹陷。豆荚和豆粒染病时生暗褐色条斑。

图8-6　大豆细菌性斑点病受害叶片

(二) 发生规律

为世界性发生的病害，尤其在冷凉、潮湿的气候条件下发病多，干热天气则发病较少。

(三) 防治方法

（1）农业措施　①与禾本科作物进行3年以上轮作。②施用充分沤制的堆肥或腐熟的有机肥。③调整播期，合理密植，收获后清除田间病残体，及时深翻，减少越冬病源数量。④及时拔出病株进行深埋处理，用2%宁南霉素水剂250~300倍液喷洒，视病情每隔7天喷施1次，共2~3次。

（2）药剂防治　①药剂拌种。播种前用种子重量0.3%的50%福美双可湿性粉剂拌种。②发病初期喷洒，可用下列药剂：90%新植霉素可溶性粉剂3 000~4 000倍液、30%碱式硫酸铜悬浮剂400倍液、30%琥胶肥酸铜可湿性粉剂500~800倍液、47%春雷·王铜可湿性粉剂600~1 000倍液、12%松脂酸铜乳油600倍液或1：1：200波尔多液，均匀喷雾，每隔10~15天喷1次，视病情可喷1~3次。

八、大豆菌核病

大豆菌核病又称白毛病。

（一）主要症状

1. 初期症状

茎部发生褐色病斑，上生白色棉絮状菌丝体及白色颗粒状物（图8-7）。

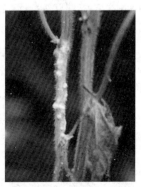

图8-7　大豆菌核病受害茎部

2. 中后期症状

病株枯死后呈灰白色，茎中空皮层呈麻丝状。

（二）发生规律

田间菌核数量是影响该病发生程度的最重要因子，其次是环境因素。在大豆开花期土表温度高、空气湿度大、降水量大易导致发病。

（三）防治方法

（1）轮作倒茬　可以通过和禾本科作物进行轮作3年以上，减少田间病菌的数量，能很好地起到预防效果。

（2）选择抗病性品种　在播种前选择抗病性较强的品种进行播种，可以大大降低感染该病害的概率。

（3）清除病残体　田间掉落的叶片、茎秆或是豆荚等病残体，要及时地清理出田外，可以有效破坏病菌的生存空间，减少病菌的数量。但要注意清除工作最好等到大豆收获后进行。

（4）注意排水　当遇到连阴雨天气，田间有积水时，要及时进行排水，尤其是低洼的地块，不能让田间长时间有积水，减少病害的发生和为害程度。

（5）喷药防治　病害发生后，结合气候条件，加强病情调查，及时药剂防治是生产上比较有效的控制措施。大豆菌核病病菌子囊盘发生期与大豆开花期的重叠盛期是大豆菌核病的防治适期。可喷施50%腐霉利可湿性粉剂1 000倍液、40%菌核净可湿性粉剂1 000倍液、50%异菌脲可湿性粉剂1 200倍液；也可喷施50%多菌灵可湿性粉剂500倍液，用药量600千克/公顷。

九、大豆赤霉病

（一）主要症状

大豆赤霉病又称大豆粉霉病，是大豆的重要病害，分布广泛。主要为害大豆豆荚、籽粒和幼苗子叶。豆荚染病时，病斑近圆形至不整形块状，发生在边缘时呈半圆形略凹陷斑，湿度大时，病部生出粉红色或粉白色霉状物（图8-8），即病菌分生孢子或黏分生孢子团。严重的豆荚裂开，豆粒被菌丝缠绕，表生粉红色霉状物。

图8-8 大豆赤霉病病荚

（二）发生规律

一般年份发病较轻，少量豆荚受害，轻度影响生产。发病严重地块和多雨年份，产量和品质显著降低。病原菌为粉红镰孢和尖镰孢，属于半知菌亚门。大豆结荚期温度高、湿度大，则病害严重。

（三）防治方法

（1）种子处理 精选良种，清除霉种，并用种子重量0.3%的40%多菌灵可湿性粉剂、40%福美·拌种灵可湿性粉剂或50%福美双可湿性粉剂拌种。

（2）农业防治 实行轮作。收获后深翻土地。生长季节及时排除田间积水，降低温度。注意避免过于密植。种子入库前要充分晒干，注意库内温度和湿度。

（3）化学防治　必要情况下，在田间发病初期可喷施50%苯菌灵可湿性粉剂1 500倍液，每亩喷兑好的药液50升，间隔10~15天喷1次，共喷2次即可。

十、大豆纹枯病

（一）常见症状

大豆纹枯病是普遍发生的一种病害，可造成大豆落叶、植株枯死和豆粒腐烂。在7—8月可见大豆田成垄或多个植株接连发病，使植株大部分叶片表现出症状。

（二）发生规律

大豆纹枯病是一种在高温、高湿条件下才发生的病害，高温多雨、大豆田积水或种植过密、通风不良，有利于大豆纹枯病的发生；与水稻轮作或在水稻田埂上的大豆易发病。

（三）防治方法

（1）农业防治　在可能的条件下选用抗病品种。合理密植，但避免种植过密。秋后及时清理病株残体和进行土地深翻，减少菌源。避免重茬，避免与水稻轮作，及时排除田间积水。

（2）化学防治　发病初期，可选用2%井冈霉素水剂800~1 000倍液、70%甲基硫菌灵可湿性粉剂800倍液、20%甲基立枯磷乳油1 200倍液等喷雾防治，连续2次，每次间隔1周。

十一、大豆疫病

（一）主要症状

大豆疫病是我国对外一类检疫对象。我国仅局部地区有发生。为害植株的根、茎、叶及豆荚，可引起根腐，茎腐，植株矮化、枯萎和死亡等症状（图8-9）。

图 8-9 大豆疫病受害植株

（二）发生规律

病原为大豆疫霉，属卵菌。为典型的土传病害。低温多湿的环境条件有利于发病，土壤黏重或重茬地发病重。

（三）防治方法

（1）农业防治 选用抗（耐）病品种。早播、少耕、窄行、使用除草剂等都能导致病害加重；降低土壤渗水性、通透性的措施也会加重大豆疫病的发生。减少土壤水分、增加土壤通透性、降低病菌来源的耕作栽培措施可以减轻大豆疫病的发生程度。因此，栽培大豆应避免种植在低洼、排水不良或重黏的地块，并要加强耕作，防止土壤板结，增加水的渗透性；避免连作，在发病田用不感病作物轮作 4 年以上可能减轻发病。

土壤湿度是影响大豆疫病的关键因素之一。土壤密度也与病害的严重程度呈正相关，所以采用平地垄作或顺坡开垄种植、田间耕作，或采用小型农机使雨后田间排水通畅等都对防治大豆疫病有利。对发病地块或地区，要及时拔除病株，集中销毁处理，并采取有效措施，实施轮作。发生区的农业机械外出作业时要进行消毒。严重地块可改种水田。

（2）严格执行检疫制度　大豆疫病主要是通过种子及种子上所带的土壤传播，所以不要从疫区引种。

（3）种子处理　用药剂拌种防治该病害效果明显，是一项行之有效的防治措施，用种子重量 0.3% 的 35% 甲霜灵可湿性粉剂、72% 霜脲·锰锌可湿性粉剂、58% 甲霜·锰锌可湿性粉剂或 69% 烯酰·锰锌可湿性粉剂拌种，随拌随种。

（4）化学防治　必要时可选用 25% 甲霜灵可湿性粉剂 800 倍液、58% 甲霜·锰锌可湿性粉剂 600 倍液、64% 噁霜·锰锌可湿性粉剂 500 倍液、72% 霜脲·锰锌可湿性粉剂 700 倍液、69% 烯酰·锰锌可湿性粉剂 900 倍液、70% 福·甲霜可湿性粉剂 500 倍液、52.5% 噁酮·霜脲氰水分散粒剂 2 000 倍液等喷洒或浇灌防治，每隔 7 天喷洒或浇灌 1 次，共 3 次。

十二、大豆白粉病

（一）常见症状

大豆白粉病主要为害叶片，叶上斑点圆形，具黑（暗）绿色晕圈。逐渐长满白色粉状物（图 8-10），后期在白色粉状物上产生黑褐色球状颗粒物。

图 8-10　大豆白粉病

（二）发生规律

病原为紫芸英单丝壳菌，属子囊菌亚门真菌。温度15~20℃和相对湿度大于70%的天气条件有利于病害发生。

（三）防治方法

（1）农业防治 选用抗病品种，收获后及时清除病残体，集中深埋或烧毁。

（2）化学防治 发病初期，可选用15%三唑酮可湿性粉剂500~1 000倍液、12.5%烯唑醇可湿性粉剂1 000~1 500倍液、25%丙环唑乳油2 000~2 500倍液、40%氟硅唑乳油6 000~8 000倍液、70%甲基硫菌灵可湿性粉剂+75%百菌清可湿性粉剂（1∶1）1 000~1 500倍液等喷雾防治。

十三、大豆立枯病

（一）主要症状

大豆立枯病，俗称"死棵""黑根病"。病害严重年份，轻病田死株率为5%~10%，重病田死株率达30%以上，个别田块甚至全部死光，造成绝产。该病仅在苗期发生，主要为害幼苗和幼株。幼苗发病，主根和靠地面的茎基部形成红褐色略显凹陷的病斑，局部缢缩，皮层开裂呈溃疡状（图8-11）。严重时包围全

图8-11 植株枯死症状

茎，使基部变褐、缢缩，幼苗折倒死亡。轻病株仍能缓慢生长，但植株矮小，地上部矮黄。

（二）发生规律

病菌以菌丝体的形式在土壤或病残体上越冬，在翌年成为初次侵染源，且多发生在苗期与芽期，也可由种子进行传播，发霉变质、质量较差的种子发病严重。在连作的地块发病较为严重，种子可带菌传播，与种子的发芽势较低、抗病性衰退有关。播种时间较早，幼苗在田间的生长期过长发病较为严重。用病残株沤肥如果未充分腐熟，病害发生较为严重。地下虫害多、土壤贫瘠、缺少肥水时，大豆长势较差，易引发病症。

（三）防治方法

（1）农业防治　选用抗病品种。与禾本科作物实行 3 年轮作。选用排水良好、干燥地块种植大豆。低洼地采用垄作或高畦深沟种植，合理密植，防止地表湿度过大，雨后及时排水。施用石灰调节土壤 pH 值，使土壤呈微显碱性，具体方法是每亩施用生石灰 50~100 千克。

（2）药剂拌种　用种子重量 0.3% 的 40% 甲基立枯磷乳油、50% 福美双可湿性粉剂、50% 多菌灵可湿性粉剂或 50% 甲基硫菌灵可湿性粉剂拌种。

（3）化学防治　发病初期可选用下列方法防治。可用 40% 三乙膦酸铝可湿性粉剂 200 倍液或 25% 多菌灵可湿性粉剂 500 倍液灌根；也可用 70% 乙磷·锰锌可湿性粉剂 500 倍液、58% 甲霜·锰锌可湿性粉剂 500 倍液、69% 烯酰·锰锌可湿性粉剂 1 000 倍液、20% 甲基立枯磷乳油 1 200 倍液、50% 多菌灵可湿性粉剂 800~1 000 倍液、64% 噁霜·锰锌可湿性粉剂 500 倍液等喷雾防治，隔 10 天左右喷 1 次，连续防治 2~3 次，并做到喷匀喷足。

十四、大豆叶斑病

(一) 主要症状

主要为害叶片，初生褐色至灰白色不规则形小斑，后中间变为浅褐色，四周深褐色，病、健部界线明显（图8-12）。最后病斑干枯，其上可见小黑点。

图8-12 大豆叶斑病叶片症状

(二) 发生规律

病菌以子囊壳在病残组织里越冬，成为翌年初侵染源。大豆叶斑病在秋大豆上发生较多，多发生在生育后期，导致早期落叶，个别年份发病重。

(三) 防治方法

（1）农业防治　实行3年以上轮作，尤其是水旱轮作。收获后及时清除病残体，集中深埋或烧毁，并深翻土壤。

（2）药剂防治　田间发现病情及时施药防治。发病初期，可选用70%甲基硫菌灵可湿性粉剂600~700倍液、50%甲硫·福美双可湿性粉剂1 000倍液、77%氢氧化铜可湿性粉剂600倍液、50%

多菌灵可湿性粉剂 800 倍液+50%福美双可湿性粉剂 500 倍液、70%甲基硫菌灵可湿性粉剂 600~800 倍液+70%代森锰锌可湿性粉剂 500~600 倍液、50%腐霉利可湿性粉剂 800 倍液+75%百菌清可湿性粉剂 800 倍液、50%咪鲜胺锰盐可湿性粉剂 1 000~2 000倍液等喷雾防治，每亩用药液 40~50 千克，视病情间隔 7~10 天喷 1 次，连续防治 2~3 次。

十五、大豆紫斑病

（一）主要症状

主要为害豆荚和豆粒，也为害叶和茎。苗期染病，子叶上产生褐色至赤褐色圆形斑，云纹状。真叶染病初生紫色圆形小点，散生，扩展后形成多角形褐色或浅灰色斑。茎秆染病形成长条状或梭形红褐色斑，严重的整个茎秆变成黑紫色，上生稀疏的灰黑色霉层。豆粒染病形状不定，大小不一，仅限于种皮，不深入内部，症状因品种及发病时期不同而有较大差异，多呈紫色，有的呈青黑色，在脐部四周形成浅紫色斑块，严重的整个豆粒变为紫色，有的龟裂（图 8-13，图 8-14）。

图 8-13　大豆紫斑病病叶圆　　图 8-14　大豆紫斑病茎红褐色
　　　　　形紫红色斑点　　　　　　　　　中间带黑

（二）发生规律

病菌以菌丝体潜伏在种皮内或以菌丝体和分生孢子在病残体上越冬，成为翌年的初侵染源。如种子带菌，可引起子叶发病，病苗或叶片上产生的分生孢子借风雨传播进行初侵染和再侵染。大豆开花期和结荚期多雨、气温偏高，均温 25.5~27.0℃，发病重；高于或低于这个温度范围发病轻或不发病。连作地及早熟种发病重。

（三）防治方法

（1）农业防治　选用抗病品种，生产上抗病毒病的品种较抗紫斑病。大豆收获后及时进行秋耕，以加速病残体腐烂，减少初侵染源。与禾本科或其他非寄主植物轮作 2 年，可减轻发病。适时播种、合理密植、清沟排湿、防止田间湿度过大等都有利于减轻病害发生。

（2）种子处理　带菌种子是发病初侵染来源之一，播前应进行种子处理，消灭种子上的病菌，既减轻幼苗受害又可减少田间菌源量。紫斑病粒症状明显，可根据病害在种子上的特征，人工拣出病粒，然后用药剂对种子进行消毒，可用种子重量 0.3%的 50%福美双可湿性粉剂或 50%克菌丹可湿性粉剂拌种。

（3）化学防治　在开花始期、蕾期、结荚期、嫩荚期各喷 1 次 30%碱式硫酸铜悬浮剂 400 倍液、1∶1∶160 波尔多液、50%乙霉·多菌灵可湿性粉剂 1 000 倍液、36%甲基硫菌灵悬浮剂 500 倍液、50%苯菌灵可湿性粉剂 1 500 倍液、75%百菌清可湿性粉剂 2 000 倍液、65%代森锰锌可湿性粉剂 500~600 倍液等进行防治。

也可选用混剂，如 50%多菌灵可湿性粉剂 800 倍液+65%代森锌可湿性粉剂 600 倍液、70%甲基硫菌灵可湿性粉剂 800 倍液+80%代森锰锌可湿性粉剂 500~600 倍液、50%苯菌灵可湿性粉剂 2 000倍液+70%丙森锌可湿性粉剂 800 倍液等，每亩喷兑好的药液 55 升左右。连续喷 2 次，间隔 10 天左右。采收前 3 天停止用药。

十六、大豆炭疽病

（一）主要症状

从苗期至成熟期均可发病。主要为害茎及豆荚，也为害叶片或叶柄。茎部染病：初生褐色病斑，其上密布呈不规则排列的黑色小点。豆荚染病：小黑点呈轮纹状排列，病荚不能正常发育。苗期子叶染病：现黑褐色病斑，边缘略浅，病斑扩展后常出现开裂或凹陷；病斑可从子叶扩展到幼茎上，致病部以上枯死。叶片染病边缘深褐色，内部浅褐色。叶柄染病病斑褐色，不规则（图8-15，图8-16）。

图 8-15　大豆炭疽病病株

图8-16 大豆炭疽病病叶

（二）发生规律

病菌在大豆种子和病残体上越冬，翌年播种后即可发病，发病适温25℃。病菌在12℃以下或35℃以上不能发育。生产上苗期低温或土壤过分干燥，大豆发芽出土时间延迟，容易造成幼苗发病。成株期温暖潮湿条件有利于该菌侵染。

（三）防治方法

（1）农业防治 选用抗病品种或无病种子，保证种子不带病菌。播前精选种子，淘汰病粒。合理密植，避免施氮肥过多，提高植株抗病力。加强田间管理，及时深耕及中耕培土。雨后及时排除积水防止湿气滞留。收获后及时清除田间病株残体或进行土地深翻，减少菌源。提倡实行3年以上轮作。

（2）种子处理 播前用50%多菌灵可湿性粉剂或50%异菌脲可湿性粉剂，按种子重量的0.5%拌种。或用400克/升萎锈·福美双悬浮剂250毫升拌100千克种子；或用50%福美双可湿性粉剂按种子重量的0.3%拌种；或用70%丙森锌可湿性粉剂按种子重量的0.4%拌种。拌后闷3~4小时后播种。

（3）化学防治 在大豆开花期及时喷洒药剂保护种荚不受

害。可选用50%甲基硫菌灵可湿性粉剂600倍液、1∶1∶200波尔多液、50%多菌灵可湿性粉剂600倍液、75%百菌清可湿性粉剂800倍液、50%咪鲜胺可湿性粉剂1 000~1 500倍液、10%苯醚甲环唑水分散粒剂2 000~3 000倍液、25%溴菌腈可湿性粉剂500倍液、47%春雷·王铜可湿性粉剂600倍液等喷雾防治。

也可选用混剂：25%多菌灵可湿性粉剂500~600倍液+75%百菌清可湿性粉剂800~1 000倍液、25%溴菌腈可湿性粉剂2 000~2 500倍液+80%福·福锌可湿性粉剂800~1 000倍液、70%甲基硫菌灵可湿性粉剂800倍液+70%丙森锌可湿性粉剂600~800倍液等，兑水50千克喷雾。

十七、大豆黑斑病

（一）主要症状

大豆黑斑病菌主要侵染叶片，但也能侵染豆荚。症状主要表现：叶上病斑圆形至椭圆形，直径3~6毫米，褐色，具同心轮纹，上生黑色霉层（病菌的分生孢子梗和分生孢子），常一片叶上散生几个至十几个病斑，但未见叶片因受害导致枯死脱落的；豆荚上生圆形或不规则形黑斑，密生黑色霉层，常因荚皮破裂侵染豆粒（图8-17）。

图8-17　大豆黑斑病病荚

（二）发生规律

高温多雨天气有利于发病。在大豆植株受机械损伤、昆虫为害和其他病害造成伤口后，大豆黑斑病菌常常作为次级侵染病原物从伤口侵入，侵害大豆叶片，因此在大豆生育后期较易发病。

（三）防治方法

（1）种子消毒 播种前进行种子处理，可选用种子重量0.4%的50%异菌脲可湿性粉剂或80%代森锰锌可湿性粉剂拌种。

（2）农业防治 收获后及时清除病残体，集中深埋或烧毁，重病田实行水旱轮作。

（3）化学防治 发病初期，可选用80%代森锰锌可湿性粉剂500~600倍液、58%甲霜·锰锌可湿性粉剂500倍液、75%百菌清可湿性粉剂600倍液、50%噻菌灵可湿性粉剂600~800倍液、50%异菌脲可湿性粉剂600~800倍液、50%腐霉利可湿性粉剂1 000倍液、36%甲基硫菌灵悬浮剂600倍液、25%丙环唑乳油2 000~3 000倍液、25%咪鲜胺乳油1 000~2 000倍液、50%咪鲜胺锰盐可湿性粉剂1 000~2 000倍液、64%噁霜·锰锌可湿性粉剂500倍液、30%碱式硫酸铜悬浮剂300倍液等喷雾防治，7~10天喷1次，连续防治2~3次。

十八、大豆荚枯病

（一）主要症状

大豆荚枯病是大豆的重要病害之一，主要为害豆荚、豆粒，造成荚枯和粒腐，病荚不结实，有的虽可结荚，但品质变劣，病粒腐烂，不发芽，丧失食用价值（图8-18）。

图 8-18　大豆荚枯病病荚

（二）发生规律

该病一般在生长后期发生。病原为豆荚大茎点菌，属于半知菌亚门。连阴雨天气多的年份发病重，南方 8—10 月、北方 8—9 月易发病。

（三）防治方法

（1）农业防治　建立无病留种田，选用无病种子。发病重的地区实行 3 年以上轮作。及时排除田间积水。合理密植，保持田间通风透光。收获后及时清除病残体或深翻土地，减少菌源。

（2）种子处理　用种子重量 0.3% 的 50% 福美双或 40% 拌种双可湿性粉剂拌种。

（3）化学防治　结荚期多雨时，用 1∶1∶160 波尔多液、75% 百菌清可湿性粉剂 600 倍液、50% 甲基硫菌灵可湿性粉剂 600 倍液、36% 多菌灵悬浮剂 500 倍液、25% 嘧菌酯悬浮剂 1 000～2 000 倍液、50% 咪鲜胺锰盐可湿性粉剂 1 000～2 000 倍液等喷雾防治。

也可选用混剂 50% 噻菌灵可湿性粉剂 600～800 倍液＋75% 百菌清可湿性粉剂 800～1 000 倍液、70% 甲基硫菌灵可湿性粉剂

600~800 倍液+70%代森锰锌可湿性粉剂 500~600 倍液、50%腐霉利可湿性粉剂 800 倍液+75%百菌清可湿性粉剂 800 倍液、50%异菌脲可湿性粉剂 800 倍液+50%福美双可湿性粉剂 500 倍液等喷雾防治，每亩用药液 40 千克，视病情间隔 7~10 天喷施 1 次，连续防治 2~3 次。

第三节 大豆常见虫害的防治技术

一、点蜂缘蝽

点蜂缘蝽属半翅目缘蝽科蜂缘蝽属，是豆科作物上一种常见刺吸性害虫，还能为害水稻、麦类、玉米、高粱、甘薯、棉花、蔬菜和水果等。

（一）形态特征

点蜂缘蝽成虫体长 15~17 毫米，体形狭长，黄褐色至黑褐色，头在复眼前呈三角形，后部细缩如颈，形状类似马蜂。若虫共 5 龄，1~4 龄若虫体形与蚂蚁相像，五龄体似成虫（图 8-19）。

图 8-19 点蜂缘蝽若虫

（二）为害症状

点蜂缘蝽以成虫和若虫刺吸大豆嫩叶、嫩茎、花、荚的汁液，在大豆开花结实时，往往群集为害，造成蕾、花凋落，豆荚不实或形成瘪粒，还可导致"症青"现象，贪青不落黄，严重影响大豆产量。

（三）发生规律

大豆开花结荚期，正是点蜂缘蝽成虫羽化高峰期，往往群集为害。成虫有翅，飞行似蜂类，行动敏捷、不易捕捉，白天阳光强烈时躲在豆叶背面。

（四）防治方法

（1）农业防治　可在早春越冬卵孵化前，清除田间杂草，消灭越冬卵和成虫。

（2）生物防治　保护、利用草蛉、寄生蜂以及捕食性蜘蛛等自然天敌。

（3）化学防治　成虫发生盛期，成虫、若虫同时出现时，可选用3%啶虫脒乳油1 500~2 500倍液、3%阿维菌素乳油5 000倍液、2.5%溴氰菊酯乳油3 000~4 000倍液等喷雾防治。

二、大豆蚜

大豆蚜是大豆的重要害虫，以成虫或若虫为害。

（一）形态特征

1. 有翅孤雌蚜

体长1.2~1.6毫米，长椭圆形，头、胸黑色，额瘤不明显，触角长1.1毫米；腹部圆筒状，基部宽，黄绿色，腹管基半部灰色，端半部黑色，尾片圆锥形，具长毛7~10根，臀板末端钝圆，多毛。

2. 无翅孤雌蚜

体长1.3~1.6毫米，长椭圆形，黄色至黄绿色，腹部第1、

第7节有锥状钝圆形突起；额瘤不明显，触角短于躯体，第4、第5节末端及第6节黑色，第6节鞭部为基部长的3~4倍，尾片圆锥状，具长毛7~10根，臀板具细毛。

（二）为害症状

若虫和成虫均以刺吸式口针吸食汁液。大豆的嫩梢、茎、叶和幼荚均可受害（图8-20），受害植株生长受到抑制，植株矮小，茎、叶卷曲，结荚少，籽粒质量差。

图8-20　大豆蚜为害叶片

（三）发生规律

大豆蚜虫发生期与气候条件的关系很密切。主要表现在两个阶段：一是春季在越冬卵孵化时，如雨水充沛，鼠李（大豆蚜以卵在鼠李上越冬）生长旺盛，营养条件好，则有利于幼蚜成活和成蚜繁殖；二是在田间大豆蚜的高发前期，如平均气温达22℃，相对湿度在78%以下，长期高温干旱极有利于大豆蚜虫的繁殖，造成花期严重为害。天敌对于抑制蚜虫的发生作用较大，如田间草蛉、食蚜瓢虫、食蚜蝇等天敌数量大，能控制大豆蚜虫发生为害。

（四）防治方法

（1）苗期预防　喷施35%伏杀硫磷乳油100~120毫升，兑水 40~60 千克喷雾，用药量为每亩 127 克，对大豆蚜虫控制效果显著而不伤天敌。

（2）生育期防治　根据虫情调查，在卷叶前施药。可用 20%氰戊菊酯乳油 2 000 倍液，在蚜虫高峰前（始花期）均匀喷雾，喷药量为每亩20 千克；也可用 15%吡虫啉可湿性粉剂 2 000 倍液喷雾，喷药量每亩 20 千克。

三、大豆食心虫

大豆食心虫俗称"小红虫"。

（一）形态特征

1. 成虫

体长 5~6 毫米，翅展 12~14 毫米，黄褐色至暗褐色。前翅前缘有 10 条左右黑紫色短斜纹，外缘内侧中央银灰色，有 3 个纵列紫斑点。雄蛾前翅色较淡，腹部末端较钝。雌蛾前翅色较深，腹部末端较尖。

2. 幼虫

体长 8~10 毫米，初孵时乳黄色，老熟时变为橙红色。

（二）为害症状

以幼虫蛀入豆荚咬食豆粒为主（图 8-21）。

图 8-21　大豆食心虫咬食豆粒

（三）发生规律

每年发生1代，以老熟幼虫在地下结茧越冬。翌年7月中下旬向土表移动化蛹，成虫在8月羽化，幼虫孵化后蛀入豆荚为害。7—8月降水量较大、湿度大，虫害易发生。连作大豆田虫害较重。大豆结荚盛期如与成虫产卵盛期相吻合，受害严重。

（四）防治方法

（1）种子选用　选用抗虫品种。

（2）农业防治　合理轮作，秋天深翻地。

（3）药剂防治　施药关键期在成虫产卵盛期的3天后。可喷施2%阿维菌素乳油3 000倍液、25%灭幼脲悬浮剂1 500倍液。其他药剂如敌百虫、溴氰菊酯等，在常用浓度范围内均有较好的防治效果。在食心虫发蛾盛期，用80%敌敌畏乳油制成杆熏蒸，每亩用药100克；或用25克/升溴氰菊酯乳油，每亩用量20~30毫升，兑水30~40千克喷施进行防治，效果好。

四、斜纹夜蛾

（一）形态特征

成虫体长14~20毫米，翅展35~40毫米，头、胸、腹均深褐色，胸部背面有白色丛毛，腹部前数节背面中央具暗褐色丛毛。前翅灰褐色，斑纹复杂，内横线及外横线灰白色，波浪形，中间有白色条纹，在环状纹与肾状纹间，自前缘向后缘外方有3条白色斜线，故名斜纹夜蛾。后翅白色，无斑纹。前后翅常有水红色至紫红色闪光。

卵扁半球形，直径0.4~0.5毫米，初产黄白色，后转淡绿色，孵化前紫黑色。卵粒集结成3~4层的卵块，外覆灰黄色疏松的绒毛。

老熟幼虫体长35~47毫米，头部黑褐色，腹部体色因寄主和虫口密度不同而异：土黄色、青黄色、灰褐色或暗绿色，背线、亚背线及气门下线均为灰黄色及橙黄色。从中胸至第9腹节在亚背线内侧有三角形黑斑1对，其中以第1、第7、第8腹节的最大。胸足近黑色，腹足暗褐色。

蛹长15~20毫米，红褐色，腹部背面第4节至第7节近前缘处各有一个小刻点。臀棘短，有一对强大而弯曲的刺，刺的基部分开。

（二）为害症状

幼虫食叶成缺刻或孔洞，严重的把叶片吃光。也为害豆类的茎和荚（图8-22）。

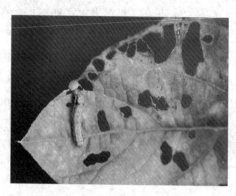

图8-22　斜纹夜蛾为害叶片

（三）发生规律

该虫在豆田多把卵产在中上部叶背面。1龄幼虫群集豆叶背面啃食，仅留上表皮，受害叶枯黄，2龄后分散，在叶背面为害，5龄后进入暴食期，食物缺乏时，可成群迁至附近田里为害。

（四）防治方法

（1）诱杀成虫　结合防治其他菜虫，可采用黑光灯或糖醋盆等诱杀成虫。

（2）药剂防治　3龄前为点片发生阶段，可结合田间管理，进行挑治，不必全田喷药。4龄后夜出活动，因此施药应在傍晚前后进行。药剂可选用 1.8%阿维菌素乳油 2 000 倍液、5%氟啶脲乳油 2 000 倍液、10%吡虫啉可湿性粉剂 1 500 倍液、20%虫酰肼悬浮剂 2 000 倍液、25%多杀霉素悬浮剂 1 500 倍液、10%虫螨腈悬浮剂 1 500 倍液、2.5%溴氰菊酯乳油 1 000 倍液、5%氟氯氰菊酯乳油 1 000~1 500 倍液等，7~10 天喷 1 次，连用 2~3 次。

五、甜菜夜蛾

（一）形态特征

1. 成虫

体长 10~14 毫米，翅展 25~30 毫米。体前翅灰褐色，前翅外缘线由 1 列黑色三角形小斑组成，外横线与内横线均为黑白色双线，肾状纹与环状纹均黄褐色，有黑色轮廓线。后翅白色，略带粉红色闪光。

2. 幼虫

老熟幼虫体长约 22 毫米，体色变化大，有绿色、暗绿色、黄褐色、黑褐色等。

（二）为害症状

幼虫食叶成缺刻或孔洞（图 8-23），严重的把叶片吃光，仅剩下叶柄、叶脉，对产量影响很大。

图 8-23　甜菜夜蛾

（三）发生规律

甜菜夜蛾是夏秋季的主要害虫，1年可发生3~10代，南方温度高，发生代数多，北方一般1年发生2~3代。江苏、陕西以北地区，以蛹在土壤中越冬；华南地区无越冬现象，可终年繁殖为害。成虫羽化后还需补充营养，以花蜜为食。成虫具有趋光性和趋化性，对糖醋液有较强趋性。成虫昼伏夜出，白天潜伏于大豆叶间、枯叶、杂草或土缝等隐蔽场所，受惊时可短距离飞行；夜间进行取食、交配产卵。初孵幼虫先取食卵壳，2~5小时后陆续从绒毛中爬出，群集叶背。3龄前群集为害，但食量小，4龄后食量大增，占幼虫食量的88%~92%。有假死性，受惊扰即落地。老熟幼虫有强的负趋光性，白天隐匿在叶背、植株中下部，有时隐藏于松表土及枯枝落叶中，阴雨天全天为害。

（四）防治方法

（1）农业防治　合理轮作，避免与寄主植物轮作套种，清理田园，去除杂草、落叶均可降低虫口密度。秋季深翻可杀灭大量越冬蛹。早春铲除田间地边杂草，消灭杂草上的初龄幼虫。在虫、卵盛期结合田间管理，提倡早晨、傍晚人工捕捉大龄幼虫，挤抹卵块，这样能有效地降低虫口密度。在夏季干旱时灌水，增大土壤湿度，恶化甜菜夜蛾的发生环境，也可减轻其发生。

（2）物理防治　成虫始盛期，在大田设置黑光灯、高压汞灯及频振式杀虫灯诱杀成虫。各代成虫盛发期用杨柳枝诱蛾，消灭成虫，减少卵量。利用性诱剂诱杀成虫。

（3）化学防治　甜菜夜蛾低龄幼虫在网内为害，很难接触药液，3龄以后抗性增强，因此，药剂防治难度大，应掌握其卵孵盛期至2龄幼虫盛期开始喷药。可选用5%氟啶脲乳油3 000~4 000倍液、25%灭幼脲悬浮剂1 000倍液、1.8%阿维菌素乳油2 000~3 000倍液、20%甲氰菊酯乳油3 000倍液、2.5%高效氟氯氰菊酯乳油 2 000 倍液、10%氯氰菊酯乳油 100 倍液或 25%氰戊·辛硫磷乳油 1 500 倍液，连续防治 2~3 次，隔 5~7 天喷 1 次。

六、大豆根潜蝇

大豆根潜蝇又称潜根蝇、豆根蛇潜蝇等。

（一）形态特征

1. 成虫

成虫体长约 3 毫米，翅展约 1.5 毫米，亮黑色，体形较粗。复眼大，暗红色。触角鞭节扁而短，末端钝圆。翅为浅紫色，有金属光泽。足黑褐色。

2. 卵

卵长约 0.4 毫米，橄榄形，白色透明。

3. 幼虫

幼虫体长约 4 毫米，为圆筒形乳白色小蛆，进而全体呈现浅黄色，半透明；头缩入前腔，口钩为黑色，呈直角弯曲，其尖端稍向内弯。前气门 1 对，后气门 1 对，较大，从尾端伸出，与尾轴垂直，互相平行，气门开口处如菜花状。表面有 28~41 个气门孔。

4. 蛹

长 2.5~3.0 毫米，长椭圆形，黑色，前后气门明显突出，靴形，尾端有两个针状须（后气门）。

（二）为害症状

主要以幼虫为害主根，形成肿瘤以至腐烂，重者死亡，轻者使地下部生长不良，并可引起大豆根腐病的发生。

（三）发生规律

一般 5 月下旬至 6 月下旬气温高，适宜虫害发生，连作、杂草多以及早播的地块为害重。

（四）防治方法

（1）农业防治　①深翻轮作。豆田秋季深耕耙茬，深翻

20 厘米以上，能把蛹深埋土中，降低成虫的羽化率；秋耙茬能使越冬蛹露出地表，经冬季低温干旱，蛹羽化困难而死亡。轮作也可减轻为害。②选用抗虫品种。③适时播种。当土壤温度稳定超过 8℃时播种，播种深为 3~4 厘米，播后应及时镇压，另外适当增施磷、钾肥，增施腐熟的有机肥，促进幼苗生长和根皮木质化，可增强大豆植株抗害能力。④田间管理。科学灌溉，雨后及时排水，防止地表湿度过大。适时中耕除草、施肥，并喷施植物生长调节剂抑制主梢旺长，促进花芽分化，同时在花蕾期、幼荚期和膨果期喷施植物生长调节剂，可强花强蒂，提高抗病能力，增强授粉质量，促进果实发育。

（2）药剂拌种　用 50%辛硫磷乳油兑水喷洒到大豆种子上，边喷边拌，拌匀后闷 4~6 小时，阴干后即可播种。也可用种衣剂加新高脂膜拌种。

（3）田间喷药防治成虫　大豆出苗后，每天下午 4—5 时到田间观察成虫数，如每平方米有 0.5~1 头成虫，即应喷药防治。成虫发生盛期可用 80%敌敌畏乳油 1 000 倍液加新高脂膜 800 倍液喷雾。或用 80%敌敌畏乳油缓释卡熏蒸，随后喷施新高脂膜800 倍液巩固防治效果。

在成虫多发期为 5 月末至 6 月初，大豆长出第一片复叶之前进行第一次喷药，间隔 7~10 天喷第二次。

七、大豆红蜘蛛

大豆上发生为害的红蜘蛛是棉红蜘蛛，也叫作朱砂叶螨，俗名"火龙""火蜘蛛"。

（一）形态特征

1. 成虫

成虫体长 0.3~0.5 毫米，红褐色，有 4 对足。雌螨体长约 0.5 毫米，卵圆形或梨形，前端稍宽隆起，尾部稍尖，体背刚毛细长，体背两侧各有 1 块黑色长斑；越冬雌虫朱红色，有光泽。雄虫体长 0.3 毫米，紫红色至浅黄色，纺锤形或梨形。

2. 卵

卵直径 0.13 毫米，圆球形，初产时无色透明，逐渐变为黄带红色。

3. 幼虫

幼螨足 3 对，体圆形，黄白色，取食后卵圆形，浅绿色，体背两侧出现深绿长斑。若螨足 4 对，淡绿色至浅橙黄色，体背出现刚毛。

(二) 为害症状

成螨和若螨群集于叶背面结丝成网，吸食汁液。大豆叶片受害初期叶正面出现黄白色斑点，3~5 天以后斑点面积扩大，斑点加密，叶片开始出现红褐色斑块。随着为害加重，叶片变成锈褐色，似火烧状，叶片卷曲，最后脱落。

(三) 发生规律

大豆红蜘蛛以受精的雌成虫在土缝、杂草根部、大豆植株残体上越冬。翌年 4 月中下旬开始活动，先在小蓟、小旋花、蒲公英、车前等杂草上繁殖为害，6—7 月转到大豆上为害，7 月中下旬至 8 月初随着气温增高繁殖加快，迅速蔓延；8 月中旬后逐渐减少，到 9 月随着气温下降，开始转移到越冬场所，10 月开始越冬。

(四) 防治方法

(1) 农业防治　保证保苗率，施足底肥，并要增加磷、钾肥的施入量，以保证苗齐苗壮，增强大豆自身的抗红蜘蛛为害能力；及时除草，防止草荒，大豆收获后要及时清除豆田内杂草，并及时翻耕、整地，消灭大豆红蜘蛛越冬场所；合理轮作；合理灌溉，或采用喷灌，可有效抑制大豆红蜘蛛繁殖。

（2）药物防治　防治方法按防治指标以挑治为主，重点地块重点防治。可选用20%哒螨灵可湿性粉剂2 000倍液进行叶面喷雾防治。

田间喷药最好选择晴天下午4—7时进行，重点喷施大豆叶片的背面。喷药时要做到均匀、周到，叶片正、背面均应喷到，才能收到良好的防治效果。

八、双斑萤叶甲

（一）形态特征

成虫长卵圆形，体长 3.5~4 毫米。头、胸红褐色，触角灰褐色。鞘翅基半部黑色，上有 2 个淡黄色斑，斑前方缺刻较小，鞘翅端半部黄色。胸部腹面黑色，腹部腹面黄褐色，体毛灰白色。幼虫体长 6~9 毫米，黄白色，前胸背板骨化色深，腹面末端有铲形骨化板。

（二）为害症状

成虫食叶片和花穗成缺刻或孔洞。

（三）发生规律

为害时间为 7—8 月，干旱年份发生较重。光线较弱时，易在大豆叶片上发现成虫。

（四）防治方法

一是秋季深翻、平整土地，结合农田基本建设消灭虫卵。

二是铲除杂草，清洁出园，消灭中间寄主植物。

三是采用人工和机械网捕双斑萤叶甲。

四是利用 10%氯氰菊酯乳油 0.30~0.45 升/公顷等药剂兑水喷雾。

九、大豆二条叶甲

（一）形态特征

成虫体长 2.7~3.5 毫米，宽 1.3~1.9 毫米。体较小，椭圆形至长卵形，黄褐色。触角基部两节色浅，其余节黑褐色，有时褐色。足黄褐色，胫节基部外侧有深褐色斑，并被黄灰色细毛。鞘翅黄褐色，前翅中央各具 1 条稍弯的黑纵条纹，但长度个体间有差异。头额区有粗大刻点。额瘤隆起。触角 5 节较粗短，第 1 节很长，第 2 节短小。前胸背板长宽近相等，两侧边向基部收缩，中部两侧有倒"八"字形凹。小盾片三角形，几乎无刻点。鞘翅两侧近于平行，翅面稍隆凸，刻点细。卵球形，长约 0.4 毫米，初为黄白色，后变褐色。末龄幼虫体长 4~5 毫米，乳白色，头部、臀板黑褐色，胸足 3 对，褐色。裸蛹乳白色，长 4~5 毫米，腹部末端具向前弯曲的刺钩。

（二）为害特征

以成虫为害大豆子叶、生长点、嫩茎，把叶食成浅沟状圆形小洞，为害真叶成圆形孔洞，严重时幼苗被毁，有时还为害花、荚、雌蕊等，致结荚数减少。幼虫在土中为害根瘤，致根瘤成空壳或腐烂，造成植株矮化，影响产量和品质（图 8-24）。

图 8-24 大豆二条叶甲田间为害症状

（三）发生规律

东北、华北、安徽、河南一带 1 年发生 3~4 代，多以成虫在杂草及土缝中越冬，浙江越冬成虫于 4 月上中旬开始活动，4 月下旬至 5 月下旬为害春大豆，6 月为害夏大豆，7 月中下旬又为害大豆花及秋大豆幼苗。河南于 5 月中旬为害幼苗，7 月上中旬为害豆花。东北 4 月下旬至 5 月上旬始见成虫，5 月中下旬为害刚出土豆苗或甜菜苗。成虫活泼善跳，有假死性，白天藏在土缝中，早、晚为害，成虫把卵产在豆株四周土表，每雌产卵 300 粒，卵期 6~7 天，幼虫孵化后就近在土中为害根瘤，末龄幼虫在土中化蛹，蛹期约 7 天，成虫羽化后取食一段时间，于 9—10 月入土越冬。

（四）防治方法

（1）农业防治　实行与禾本科、麻类等作物轮作 2 年以上，避免重茬、迎茬，也不要与其他豆科植物（如菜豆、小豆、绿豆等）和甜菜轮作。秋收后及时清除豆田杂草和枯枝落叶，集中烧毁或深埋，如能结合秋翻效果更好。

（2）药剂拌种　结合翻耕土壤处理地下害虫。用 50% 辛硫磷乳油闷种，药∶水∶种 = 1∶40∶400。用大豆种衣剂包衣，按种子重量的 1.0%~1.5% 拌种包衣，不用兑水。

（3）化学防治　成虫发生期，可选用 50% 杀螟硫磷乳油 1 000 倍液、90% 敌百虫原药 1 000 倍液、5% 顺式氯氰菊酯乳油 1 500~3 000 倍液、20% 甲氰菊酯乳油 2 000 倍液、50% 辛·氰乳油 2 000 倍液等喷雾防治。

防治幼虫，可选用 40% 辛硫磷乳油 2 500 倍液灌根。大豆对辛硫磷敏感，不宜加大药量。

十、蛴螬

(一) 形态特征

蛴螬 (图 8-25) 又名白土蚕，是对金龟甲幼虫的统称，属于鞘翅目。蛴螬体肥大，体型弯曲呈 "C" 形，多为白色，少数为黄白色。头部褐色，上颚显著，腹部肿胀。体壁较柔软多皱，体表疏生细毛。头大而圆，多为黄褐色，生有左右对称的刚毛，刚毛数量常为分种的特征。例如，华北大黑鳃金龟的幼虫为 3 对，黄褐丽金龟幼虫为 5 对。蛴螬具胸足 3 对，一般后足较长。腹部 10 节，第 10 节称为臀节，臀节上生有刺毛，其数量和排列方式也是分种的重要特征。

图 8-25　蛴螬

(二) 为害症状

蛴螬以幼虫为害为主，幼虫取食地下部分，包括根部、茎的地下部分以及萌动的种子，可以咬断茎根，断口整齐平截，吃光种子，造成幼苗死亡或种子不能萌发，形成缺苗断垄。成虫可取食叶片，严重时也可以将叶片吃光。

（三）发生规律

蛴螬生活史较长，除成虫有部分时间出土外，其他虫态均在地下生活。在我国完成一代的时间一般为 1~2 年到 3~6 年。以幼虫和成虫越冬。蛴螬有假死性和趋光性，并对未腐熟的粪肥有趋性。白天藏在土中，晚上 8—9 时进行取食等活动。蛴螬始终在地下活动，与土壤温湿度关系密切。当 10 厘米土壤温度达 5℃时开始上升土表，13~18℃时活动较盛，23℃以上则向深土中移动，至秋季土壤温度下降到其活动适宜范围时，再移向土壤上层。因此，蛴螬对果园苗圃、幼苗及其他作物的为害主要是春、秋两季。土壤潮湿活动加强，尤其是连续阴雨天气，春、秋两季在表土层活动，夏季多在清晨和夜间到表土层。

（四）防治方法

（1）农业防治　可在低龄幼虫发生期灌溉，淹死幼虫；与水稻轮作，降低大豆田虫口密度。成虫发生盛期，在成虫喜欢取食的树木，如杨树、榆树上捕杀成虫。翻耕整地，压低越冬虫量；合理施肥，增强作物的抗虫能力。消除地边、荒坡、沟旁、田埂等地的杂草，破坏蛴螬的适宜生活场所。

（2）种衣剂拌种　大豆种衣剂与种子按 1:60 比例拌匀后播种。也可用 50%辛硫磷乳油拌种，用药量为种子重量的 0.25%，拌匀后闷 4 小时，阴干后播种。

（3）生物防治　用活孢子含量为 $1×10^9$ 个/克的乳状菌粉，用量为每亩 200 克，播前与基肥同时施用，或苗后苗眼施用，施后应及时覆土。

（4）化学防治　可在 7 月中下旬每亩用 5%辛硫磷颗粒剂 2.5 千克，加细土 15 千克，配成毒土或颗粒顺垄撒于大豆基部，结合中耕锄地，使药剂进入土中。在成虫发生盛期用 50%马拉硫磷乳油 1 000 倍液，喷洒成虫喜欢吃的豆田旁的杨树、榆树，地下害虫地上治，这样防治效果很显著。

在苗期也可采用药剂灌根：苗后幼虫为害大豆地块，可选用 90%敌百虫原药或 80%敌敌畏乳油稀释 1 000 倍灌根。

十一、草地螟

（一）形态特征

成虫淡褐色，体长 8~10 毫米，前翅灰褐色，外缘有淡黄色条纹，翅中央近前缘有 1 处深黄色斑，顶角内侧前缘。有不明显的三角形浅黄色小斑，后翅浅灰黄色，有两条与外缘平行的波状纹（图 8-26）。

图 8-26　草地螟成虫

幼虫共 5 龄，老熟幼虫 16~25 毫米，1 龄淡绿色，体背有许多暗褐色纹，3 龄幼虫灰绿色，体侧有淡色纵带，周身有毛瘤。5 龄多灰黑色，两侧有鲜黄色线条。

（二）为害特征

初孵幼虫取食叶肉，残留表皮，长大后可将叶片吃成缺刻或仅留叶脉，使叶片呈网状。大暴发时，也为害花和幼荚。

（三）发生规律

一般春季低温多雨不易发生，如在越冬代成虫羽化盛期气温较常年高，则有利于虫害发生。孕卵期间如遇环境湿度干燥，又不能吸食到适当水分，产卵量减少或不产卵。

（四）防治方法

一是及时清除田间杂草，可消灭部分虫源，秋耕或冬耕还可消灭部分在土壤中越冬的老熟幼虫。

二是在幼虫为害期喷洒50%辛硫磷乳油1 500倍液或2.5%高效氟氯氰菊酯乳油2 000倍液。

十二、大豆蝗虫

蝗虫有中华蝗、棉蝗、笨蝗、短额负蝗等。

（一）形态特征

雄成虫体长35.5~41.5毫米，雌成虫39.5~51.2毫米。体通常为绿色或黄褐色，常因环境因素影响有所变异。颜面垂直，触角淡黄色。前胸背板中隆线发达，从侧面看散居型略呈弧形，群居型微凹，两侧常有暗色纵条纹。前翅狭长，常超过后足胫节中部，有褐色、暗色斑纹，群居型较深。后翅无色透明。群居型后足腿节上侧有时有2个不明显的暗色条纹，散居型常消失或不明显。后足胫节通常橘红色，群居型稍淡，沿外缘通常具刺10~11个。

卵块黄褐色，长筒形，长45~61毫米，中间略弯，上部略细，上部1/5部分为海绵状胶质，不含卵粒，其下部藏卵粒，卵粒间有胶质黏附。每块一般含卵50~80粒，最多可有200粒，呈斜排列，4行。卵粒呈圆锥形，稍弯曲，长6.5毫米，宽1.6毫米。

若虫（蝗蝻）共5龄。5龄若虫体长26~46毫米。触角24~

25 节。前胸背板后缘向后延伸盖住中、后胸背面，前翅芽长达腹部第 4、第 5 节，前翅芽狭长并为后翅芽所掩盖，翅尖指向后方。

（二）为害症状

蝗虫以咬食大豆叶、茎为主（图 8-27）。

图 8-27　蝗虫为害叶片

（三）发生规律

蝗虫一般属于兼性滞育昆虫，多以卵在土壤中的卵囊内越冬，仅诸如日本黄脊蝗、短脚斑腿蝗等少数种类以成虫越冬。在 1 年中发生的世代数，取决于该物种的生物学特性与不同地区的年有效积温、食物、光照及其各虫期生长发育情况。例如，亚洲飞蝗在我国分布区 1 年发生 1 代。东亚飞蝗在我国长江中下游及其以北分布地区为 2 代，而长江、淮河流域的高温干旱年份则为 3 代或不完整 3 代；华南地区 4~5 代。中华稻蝗在长江及其以北地区 1 代，江南则为 2 代。

（四）防治方法

（1）农业防治　入冬前发生量多的沟、渠边，利用冬闲深耕晒垄，破坏越冬虫卵的生态环境，减少越冬虫卵。

（2）保护天敌　利用青蛙、蟾蜍等捕食性天敌，一般发生年份均可基本抑制该虫发生。

（3）化学防治　发生较重的年份，可在7月初至中下旬进行喷药防治，以后则视虫情每隔10天防治1次。可选用2.5%高效氯氟氰菊酯乳油2 000～3 000倍液、5.7%氟氯氰菊酯乳油1 000～1 500倍液、20%阿维·杀虫单微乳剂600～800倍液（桑蚕地区慎用）等喷雾防治。

第四节　大豆田杂草的防控防治技术

一、大豆田杂草综合防控技术

大豆田杂草防控主要分为非化学控草技术和化学控草技术。

（一）非化学控草技术

1. 农业措施

田间沟渠、地边和田埂生长的杂草结实前及时清除，防止杂草种子扩散入大豆田为害。播种前浅旋耕、适时早播，采取与玉米、小麦、水稻等作物轮作，减少伴生杂草发生。适当密植、加强肥水管理，增强大豆的田间竞争能力，减轻杂草为害。

2. 生态措施

采取玉米秸秆覆盖、稻草覆盖，有效降低杂草出苗数。

（二）化学控草技术

大豆田杂草因地域、播种季节和轮作方式的不同，采用的化除策略和除草剂品种有一定差异。选择除草剂时要考虑上下茬衔接科学施药，当大豆与玉米、甜菜、春油菜、瓜类等作物轮作时，不宜喷施咪唑乙烟酸、异噁草松等长残留除草剂，以免土壤残留影响后茬敏感作物生长。

春大豆种植区。北方一年一熟大豆种植区，杂草防控采用"一封一杀"策略。播后苗前，选用乙草胺+噻吩磺隆桶混进行土壤封闭处理；在大豆2~3个三出复叶期、杂草3~4叶期，选用烯草酮、精吡氟禾草灵、高效氟吡甲禾灵、精喹禾灵、喹禾糠酯、烯禾啶等药剂及其复配制剂防治稗、马唐、野燕麦等禾本科杂草；选用氟磺胺草醚、灭草松、三氟羧草醚、乙羧氟草醚、乳氟禾草灵、嗪草酸甲酯、氯酯磺草胺等药剂及其复配制剂防治鸭跖草、反枝苋等阔叶杂草。

夏大豆种植区。黄淮海、南方大豆种植区，大豆常与小麦、油菜等轮作倒茬，杂草防控采用"一封一杀"或"一次杀除"策略。

在土壤墒情较好的大豆田，播后苗前，选用乙草胺+噻吩磺隆桶混进行土壤封闭处理。在封行前，选用精吡氟禾草灵、高效氟吡甲禾灵、精喹禾灵、烯草酮、烯禾啶等药剂及其复配制剂防治马唐、稗等禾本科杂草；选用三氟羧草醚、乙羧氟草醚、氟磺胺草醚、乳氟禾草灵、嗪草酸甲酯、灭草松等药剂及其复配制剂防治反枝苋、藜等阔叶杂草。

土壤墒情较差或整地质量不好的大豆田，采用茎叶喷雾处理一次杀除，在大豆3~4个三出复叶期、杂草3~4叶期，选用茎叶处理除草剂进行防治。

二、大豆田常见杂草的防治

（一）反枝苋（红根苋菜）

1. 识别要点

一年生草本，茎直立，粗壮，单一或分枝，淡绿色。叶片菱状卵形或椭圆状卵形，全缘或波状缘。圆锥花序顶生及腋生，直立，由多数穗状花序形成；胞果扁卵形（图8-28）。

图 8-28　反枝苋

2. 防治方法

反枝苋对茎叶处理除草剂氟磺胺草醚等已经产生抗性，建议进行土壤处理。可用 50% 丙炔氟草胺可湿性粉剂 8~12 克/亩或 80% 唑嘧磺草胺水分散粒剂 3~5 克/亩。

（二）稗

1. 识别要点

稗茎秆直立，基部倾斜或膝曲，光滑无毛。叶鞘松弛，下部者长于节间，上部者短于节间；无叶舌；叶片无毛。圆锥花序主轴具角棱，粗糙；小穗密集于穗轴的一侧，具极短柄或近无柄（图 8-29）。

图 8-29　稗

2. 防治方法

一是根据草相确定除草剂。

二是播种前清理杂草。

三是使用精喹禾灵、氟磺胺草醚、乙羧氟草醚、灭草松、乙羧氟草醚、高效氟吡甲禾灵、灭草松、三氟羧草醚等除草剂。

(三) 问荆

1. 识别要点

多年生草本，具发达根茎。地上茎直立，二型，一是孢子茎，先发，肉质，不分枝，黄白色或淡黄色，孢子囊穗状顶生；二是营养茎，于孢子茎枯萎前在同一根茎上生出，有轮生分枝，单一或再生，绿色。叶变成鞘状，有黑色小鞘齿（图8-30）。

图 8-30　问荆

2. 防治方法

（1）农艺措施　合理轮作小麦或玉米，苗后使用2甲4氯钠防除问荆，减少大豆茬问荆数量。

（2）茎叶处理　利用 250 克/升氟磺胺草醚水剂80~100毫

升/亩，喷雾防治。

（四）菟丝子

1. 识别要点

一年生寄生草本。茎缠绕，黄色，纤细，多分枝，随处可生出寄生根，伸入寄主体内。叶稀少，鳞片状，三角状卵形。蒴果近球形，稍扁（图8-31）。

图8-31　菟丝子

2. 防治方法

（1）精选种子，轮作换茬　菟丝子种子小，千粒重仅1克左右。通过筛选、风选，清除混杂在豆科中的菟丝子。菟丝子不能寄生在禾本科作物上，与禾本科作物轮作3年以上，最好与水稻实行水旱轮作1~2年，可以消灭田里的菟丝子。

（2）深翻土壤　菟丝子种子在土表5厘米以下不易萌发出土，深耕10厘米以上，将土表菟丝子种子深埋，使菟丝子难以发芽出土，可以减少发生量。

（3）肥料要充分腐熟　家禽吃了含菟丝子种子的饲料后，其粪便会带菟丝子的种子，因此家禽粪便等有机肥料必须充分腐熟，方可施入田里。

（4）人工拔除　大豆出苗后要经常踏田勘察，发现有菟丝子缠绕在大豆上，及时将该植株拔除，在拔除时需将清除的菟丝子残骸同脱落在地面的断枝一并运出，远离大豆田集中销毁。

（5）茎叶处理　大豆 1.5~2 叶期茎叶处理，可用 48% 仲丁灵乳油 250~300 毫升/亩，喷雾防治。

（五）马唐

1. 识别要点

茎直立或下部倾斜，膝曲上升，无毛或节生柔毛。叶鞘短于节间，叶片线状披针形。总状花序 3~10 枚，呈指状排列，下部的近轮生；小穗一般孪生，一个有柄，另一个近无柄（图 8-32）。

图 8-32　马唐

2. 防治方法

（1）农业防治　彻底腐熟农家肥料；细致地进行田间管理，成熟前割除地上部分供饲用，或取全株沤制绿肥。

（2）化学防除　大豆田马唐可用土壤处理除草剂异噁草松、氟乐灵、咪唑乙烟酸、异丙甲草胺、乙草胺、异丙草胺，茎叶处理剂烯禾啶、精吡氟禾草灵、精喹禾灵、精噁唑禾草灵、烯草酮、甲氧咪草烟等。

（六）鸭跖草

1. 识别要点

鸭跖草又叫兰花草、竹叶草，在我国甘肃等北部省份分布较多，影响大豆等农作物生长。鸭跖草仅上部直立或斜伸，茎圆柱形，长 30~50 厘米，茎下部匍匐生根。叶互生，无柄，披针形至卵状披针形，片叶长 1.5~2 厘米，有弧形脉，叶较肥厚，表面有光泽，叶基部下延成鞘，具紫红色条纹，鞘口有缘毛。小花每 3~4 朵一簇，由一绿色心形折叠苞片包被，着生在小枝顶端或叶腋处。花被 6 片，外轮 3 片，较小，膜质，内轮 3 片，中前方一片白色，后方两片蓝色，鲜艳。蒴果椭圆形，2 室，有种子 4 粒。种子土褐色至深褐色，表面凹凸不平。靠种子繁殖（图 8-33）。

图 8-33　鸭跖草

2. 防治方法

（1）土壤处理　可用 50% 丙炔氟草胺可湿性粉剂 8~12 克/亩、80% 唑嘧磺草胺水分散粒剂 3~5 克/亩进行土壤处理。

（2）茎叶处理　在鸭跖草 2 叶期，用 84% 氯酯磺草胺水分散粒剂 2.0~2.5 克/亩喷施。

（七）苣荬菜

1. 识别要点

多年生草本，全株有乳汁。茎直立，叶互生，披针形或长圆状披针形。基生叶具短柄，茎生叶无柄（图8-34）。

图8-34 苣荬菜

2. 防治方法

（1）农艺措施 合理轮作，深翻深耕。

（2）土壤处理 可用50%丙炔氟草胺可湿性粉剂8～12克/亩、80%唑嘧磺草胺水分散粒剂3～5克/亩进行土壤处理。

（3）茎叶处理 用84%氯酯磺草胺水分散粒剂2.0～2.5克/亩喷施。

参考文献

陈秀霞，蒲海燕，2018. 粮油商品基础 ［M］. 北京：中国轻
　工业出版社.

崔德杰，金圣爱，2012. 安全科学施肥实用技术 ［M］. 北
　京：化学工业出版社.

何永梅，杨雄，王迪轩，2020. 大豆优质高产问答 ［M］.
　2 版 . 北京：化学工业出版社.

连金番，赵志刚，姬月梅，2020. 宁夏大豆品种与栽培技
　术 ［M］. 银川：阳光出版社.

罗瑞萍，2018. 大豆优质高效技术知识答疑 ［M］. 银川：阳
　光出版社.

谢甫绨，张玉先，张伟，等，2019. 图说大豆生长异常及诊
　治 ［M］. 北京：中国农业出版社.

闫文义，2020. 大豆生产实用技术手册 ［M］. 哈尔滨：北方
　文艺出版社.